統計科学のフロンティア 6

パターン認識と学習の統計学

統計科学のフロンティア 6

甘利俊一　竹内啓　竹村彰通　伊庭幸人 編

パターン認識と学習の統計学

新しい概念と手法

麻生英樹　津田宏治　村田昇

岩波書店

編集にあたって
パターン認識と学習——統計学の手法の新展開

　与えられた対象をデータをもとに分類することはよく見られる作業である．データは視覚や聴覚的なパターンで与えられることが多いから，この問題はパターン認識と総称され，人間には比較的容易にできるのにコンピュータに行わせるのはたいへん難しい問題として，注目されてきた．

　データやパターンは統計的な揺らぎを伴うから，パターン認識は統計学の問題でもある．統計学では古くから判別分析などの手法が開発されてきたが，多変量解析というガウス分布を暗黙のうちに想定する枠の中であったため，文字認識，音声認識などの現実の問題にそのまま適用できなかった．

　文字認識や音声認識は，コンピュータの発展とともに，パターンとしての独自の構造に着目した手法が開発されてきたが，一方ではより一般的な認識の手法への要望も高まってきた．これに一つのきっかけを与えたのがいわゆるニューラルネットワークの手法である．汎用の人工ニューラルネットワークをもとに，例題を多数与えて学習させ，パターン認識問題を解こうという発想である．この手法は，例題は利用できるもののどういう仕組みで識別のアルゴリズムを構築したらよいかわからない多くの問題に，光明をもたらすものであった．

　パターンやデータには揺らぎが付きものであるから，ニューラルネットワークの手法も当然統計学の対象である．これは，統計学にガウス性を想定しない非線形の手段と学習という逐次的な手法をもたらし，新しい流れを作った．さらに，非線形性と学習を利用する流れは統計学だけで閉じたものではなくて，人工知能，情報理論，脳のモデル，制御理論，統計物理学などを巻き込んだ新しい分野をなしている．この中で統計科学の果たす役割は大きい．

　本巻では，第Ⅰ部に麻生英樹氏によるパターン認識の多様な手法の紹介を置く．ここではこうした手法が統計科学における確率モデルとどのように結びつき，またその理論的な基礎がどう確立されているのか，その根拠

をわかりやすくかつ統一的な視点から述べている．これにより，パターン認識や学習といった情報にかかわる現代技術の多様な広がりと，その中での統計科学の果たす中心的な役割が理解いただけるものと思う．

　パターン認識は，構造が複雑であるから線形の手法でこなすわけにはいかない．しかしニューラルネットワークなどの非線形の手法は局所解に落ち込み，最適な解が必ずしも得られないなど，問題点も多い．そこで登場したのがサポートベクトル機械（SVM）である．これはパターンを多次元の空間に非線形に埋め込むことによって，その後は線形の手法で識別を行うものである．カーネル法はこの埋め込みを自動的に行う巧妙な仕掛けであって，これによってSVMが脚光を浴びた．第II部は津田宏治氏がSVMとカーネル法，さらにその適用範囲の拡大を説明している．

　パターン認識は仕組みが複雑で一筋縄でゆくものではない．どの手法がよいかは問題による．それでは，いい加減な識別装置を学習によって多数作っておいて，その知恵を集めて理想的な識別装置が作れないものだろうか．通常の統計的推論では，衆愚を集めるというこのような手法は，考え抜いた最適な手法にかなうはずがなく，問題にならない．しかし，ニューラルネットワークをはじめ非線形を用いる手法では，局所解が多数あってそこに落ち込むという問題点がある．これを解決しようというのがブースティングという，多数の弱解を学習によって作り出し，それを統合してよい識別方法を生み出すという手法である．村田昇氏は，その原理と実際を情報幾何にまで根拠を拡大しながら解説している．これが第III部である．

　本巻によって，情報の諸分野と協調融合しながら発展して行く新しい統計科学の姿を見ていただければ幸いである．

（甘利俊一）

目　次

編集にあたって

第Ⅰ部　パターン認識と学習　　　　　　　麻生英樹　　1
　　　　　統計科学からの展望

第Ⅱ部　カーネル法の理論と実際　　　　　津田宏治　　97

第Ⅲ部　推定量を組み合わせる　　　　　　村田昇　　139
　　　　　バギングとブースティング

索　引　223

I

パターン認識と学習
統計科学からの展望

麻生英樹

目 次

1 パターン認識と統計科学 4
   1.1 パターン情報処理 4
   1.2 パターン認識システム 6
   1.3 統計的パターン認識 10
2 いろいろなパターン識別手法 12
   2.1 テンプレートマッチング法 12
   2.2 k-最近傍識別法 14
   2.3 部分空間法 16
   2.4 識別関数の最適化による方法 17
   2.5 決定木による方法 20
   2.6 ニューラルネットワークによる方法 23
   2.7 識別関数の評価 31
3 統計的意思決定としてのパターン識別 33
   3.1 パターン生成過程のモデル 33
   3.2 損失関数 35
   3.3 事後確率最大化識別 36
   3.4 多次元正規分布による推定 38
   3.5 判別分析 40
   3.6 ノンパラメトリックなクラス分布の推定 41
   3.7 確率分布モデルとしての決定木やニューラルネットワーク 44
   3.8 グラフィカルモデルとナイーブベイズ識別 45
   3.9 パターン認識と統計的モデル選択 54
4 クラスタリングとベクトル量子化 57
   4.1 ボトムアップとトップダウンのクラスタリング法 58
   4.2 K-平均法 60
   4.3 競合学習による方法 61
   4.4 混合分布による方法 61
   4.5 クラスタリング結果の評価 64
5 時系列パターン情報の認識 66
   5.1 時系列パターン情報のモデル 66
   5.2 音声認識 70
6 学習と統計科学 72
   6.1 機械学習 73
   6.2 統計的学習理論 74
   6.3 経験損失と期待損失 77
   6.4 経験損失最小化 80
   6.5 構造的損失最小化 83
   6.6 真の分布とヒューリスティクス 84
   6.7 強化学習の理論 86

文献案内 91

通信のための情報理論以来，統計科学と情報処理技術，情報通信技術とは不可分の関係にあるが，その中でも，統計科学との関係が深い分野の1つとして，パターン認識と機械学習があげられる．

　近年，情報ネットワークの普及によって，テキストや音声，画像をはじめとして，多種多様で大量のデータが電子的にネットワーク上に蓄積されるようになっている．そうした中で，パターン認識技術の中心は，音声，画像，といった1つのモダリティでの認識率や検索精度を競う技術から，複数のモダリティを組み合わせた，構造をもつ，さらに複雑な情報を扱う技術へとシフトしてきている．また，機械学習技術は，大量のデータからの潜在的な関係の抽出を目指すデータマイニングや，ネットワーク上に分散しているエージェントによる学習，などへと広がってきている．

　このような社会的ニーズを受けて，パターン情報処理技術や機械学習技術は，グラフ構造や隠れ変数をもつ確率分布のような複雑な確率分布モデル，オンライン学習のようなデータ利用，あるいは，複数の学習者によるインタラクティブな学習，などの新規な技術シーズの実験場となり，統計科学のダイナミックな展開の原動力の1つとなっている．

　1章から5章では，パターン認識技術を統計科学の観点から展望する．とくに，パターン認識の問題を統計的決定理論によって定式化することを通じて，研究の歴史の中で提案されてきたさまざまなパターン識別手法が，複雑な形状のデータの分布を捉えるための工夫であることを示す．さらに，6章では，機械学習技術の理論基盤の1つである統計的学習の理論を紹介し，期待損失の最小化という一般的な問題設定によって，パターン認識や確率分布推定といった多くの問題をより広い観点から統一的に扱うことができることを示す．

　読者が現在も活発に発展しつつある領域にアプローチする際に，本稿が1つの指針となれば幸いである．

1 パターン認識と統計科学

「パターン認識」という言葉を聞いたことはなくても，郵便番号の自動読み取りが実用化されていることを知っている人は多いだろう．また，個人情報端末の手書き文字入力や，パーソナル・コンピュータの音声認識を使ったことがある人も少なくないと思う．この章では，まず，パターン情報とは何か，パターン情報の認識技術とはどのような情報処理かについて述べ，その中で統計的手法がどのように利用されているかを説明してゆく．

1.1 パターン情報処理

人間は，体中に配された莫大な数の感覚器(センサ)からの大量の情報の流れを，日常的に処理しながら生きている．いわゆる五感である，視覚，聴覚，触覚，嗅覚，味覚の他にも，温度や痛み，あるいは，筋肉の伸張，頭の回転や傾き，などの，多様な種類のセンサがあり，それらから時々刻々と脳神経系へと流れ込む情報をリアルタイムに並行処理し，それに基づいて体中の莫大な数のアクチュエータを制御している情報処理の複雑さと柔軟さは，驚嘆すべきものである．このように，人間の情報処理系が扱っている情報は「時間的・空間的に広がりをもって分布する莫大な数の変数値の組み合わせ」である．こうした情報は「パターン情報」と呼ばれる．すなわち，人間は，パターン情報を入力として受け取り，パターン情報を出力する「パターン情報処理」を行っている．

センサから得られるパターン情報は，莫大なバリエーションをもっていて，時々刻々とうつろいゆく．われわれが，一生の間に，完全に同じパターンのセンサ入力を二度受け取ることはないと思われる．パターン情報の膨大なバリエーションに対処するために，われわれは，センサから得られるパターン情報を分節(segmentation)・分類(classification)・認識(recognition)・理

解(understanding)する．すなわち，うつろいやすく，莫大なバリエーションをもつ表層的なパターン情報から，直接は観測できないが，生活や生存のために本質的で安定的な情報を推測し，それらを統合することによって，予測可能性，制御可能性の高い世界像を構築している．

例として，視覚情報の処理を考えてみよう．ヒトの単眼の網膜にはおよそ1億個の視細胞が埋め込まれているといわれている．その網膜が捉えている情景には，通常，多くの対象が含まれている．神経系は，進化の過程で獲得した，さまざまな暗黙の知識を使ってそれらを適切なまとまりに分節し，それぞれのまとまりのもつ性質，および，まとまりの間の関係を推測する．そのようにして，目の前で動いているものが人間であるのかどうか，人間であれば誰であるのか，その人が何を意図して，今何をしているのか，を推測し，最終的には，たとえば，「お年寄りが切符を買おうとして，どうしてよいかわからずに困っている」というように，言語によって情景を記述することができるようになる．さらに，理解の結果である意味情報とすでに持っている知識を利用して推論を行い，切符を買うのを助けるために声をかけること，ができる．

情報処理技術の研究を，人間の行っている情報処理を代替することをめざすものと，人間の情報処理を支援・強化することをめざすものとに大別した場合，パターン認識(pattern recognition)の研究は，第一義的には前者であり，人間の行っているパターン情報処理の中でも最も基本的な機能の1つである「パターン情報の中の分節された1つのまとまりを，その属する範疇(category)・クラス(class)に分類する処理」を，コンピュータを使って工学的に実現することをめざすものである．

人間は，文字を読み，人の顔や物を見分け，音声を聴き取る，といったように，さまざまな種類のパターン認識をいとも簡単に日常的に行っている．そうした機能をコンピュータによって代替できれば，いろいろな応用が可能になる．そこで，コンピュータによる情報処理の黎明期から，コンピュータにパターン認識を模擬させることをめざした研究が行われてきた．その結果明らかになったことは，人間のようなパターン認識をコンピュータに行わせることは，予想よりもずっとむずかしい問題だ，ということで

あった．

　むずかしさの本質は，パターン認識をするためには，時間的，空間的に広がって分布する非常にたくさんの情報の間の関係を総合的に考慮する必要がある，という点にある．そして，われわれの神経系がどのようにそれを行っているかはわれわれの意識にのぼることはなく，言葉によってその手続きを明示的に説明することはとてもむずかしい．

　それにもかかわらず，多くのパターン認識研究者の長年にわたる研究，コンピュータの処理能力・記憶能力の飛躍的な増大，研究者によって収集され電子的に蓄積されたパターン情報データの増大，などの結果として，近年になって，印刷文字認識，ナンバープレート読み取り，手書き文字認識，音声認識，顔認識，指紋認識などのようなパターン認識技術が，次々と実用化・商品化のレベルに到達しつつある．

　それらの成功の背後では，さまざまな確率分布モデルに基づいた多種多様な統計的な手法が大きな役割を果たしてきた．すなわち，パターン認識に代表されるパターン情報処理技術において，統計科学が非常に有効であることは歴史的に証明されてきた．現在では，パターン情報処理は，医療・遺伝・心理・教育・農業などと並んで，統計科学の応用の主要な1分野となっている．

1.2　パターン認識システム

　音声認識のように必然的に時間的変化を扱うパターン認識技術もあるが，文字認識や顔認識など，時間的変化をあまり考慮せずに行えるパターン認識技術もある．まず，簡単のために，そのような時間的変化を考慮しないパターン認識について考える．この場合，パターン認識の問題は，ある観測されたパターン情報 o を，その属するクラス c に対応づける写像 $\Psi : o \to c$ を求める問題になる．

　入力となるパターン情報とクラスの関係について，顔認識システムを例としてより具体的に考察してみよう．オフィスの入口にCCDのカメラを置いて，その前に立った人の顔を認識することを考える．この場合，クラ

ス c にあたるのは「カメラの前に立った人物の名前」であり，パターン o は「カメラが撮影した画像」である．

クラスとパターン情報との関係について考えるとき，多くの場合，因果関係に沿って考えるのが自然である．この例の場合には，ある人がカメラの前に立ち，画像が撮影される，つまり，c から o が生成されるという方向である．入口に人が来るたびに撮影することを繰り返すと，同じ人が，条件をいろいろ変えて何度も撮影されることになる．当然ながら，カメラの前に立つ人が同じ人物であっても，得られる画像がまったく同じものになることはない．

画像の生成過程に即して考えると，どのような画像が得られるかにかかわる要因，すなわち，画像の変動の要因は，被写体が誰であるか c，に加えて，明るさと光線の状態 l，服装（めがねも含む）や化粧 d，髪型 h，体調と表情 e，立ち位置と向きと姿勢 p，背景の状態 b などが考えられる．これらの要因による変動に比べればカメラに使われている CCD の雑音などによる変動は十分小さいと考えられるから，c と o の関係は $o = f(c, l, d, h, e, p, b)$ のような関数関係と考えてよいだろう．

このことを「通信の情報理論」の観点から見ると，カメラで撮影される画像は，「誰であるか」という情報 c を画像 o という非常に冗長な形に符号化（encoding）したもの，と見ることもできる．符号化の過程で，光線の具合などのさまざまな情報が一緒に混ぜ込まれてしまっている．それらの情報は，誰であるかを知りたい，という立場から見れば無視すべき雑音である．したがって，画像を認識・理解することは，雑音の加わった冗長な符号の誤り訂正復号化（decoding），あるいは暗号の解読と似ている．

逆に，o から c を求める過程を，画像から，必要な意味情報だけを抽出する情報圧縮過程と見れば，それを非常に効率の良い符号化過程と考えることもできる．実際，「昨日 A さんが来たよ」と伝えるだけで，そう言われた人の頭の中に，A さんのイメージが復元されるのであるから，言葉を交わすことは，大変効率のよい通信方法である．

画像の解像度（画素数）が 1024×1024 で，1 画素あたりの色表現が R（赤の輝度），G（緑の輝度），B（青の輝度）それぞれ 256 階調とすると，この表

現系の情報容量は数 MByte である．実際に撮影される画像の分布は偏っているため，その情報量はこれよりはだいぶ小さいが，それでもかなり大きい値になるだろう．

一方，クラス c に関する情報量は，たとえば，オフィスに出入りする人が K 人で，その出現確率が均一とすると，$\log_2 K$ bit である．これは，$K = 1024$ でもわずか 10 bit に過ぎない．すなわち，o から c を得る写像は，莫大な情報を捨てる情報圧縮写像であり，顔の認識に必要な情報だけを残して，いかに上手に不要な情報を捨てるか，が問題になる．

パターン情報の生成過程で複雑に混じり合ってしまった情報を逆に分解し，o から c を推定することは一見絶望的に思われるが，顔認識システムの研究では，他の多くのパターン認識システムの研究と同様に，この問題を，図 1 のようないくつかの段階に分けて解いている．

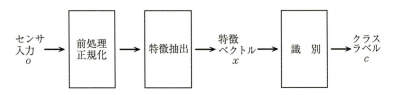

図 1　パターン認識システムのブロック図

まず，c 以外の要因による o の変動のうち，c による変動との相互作用が少なく，比較的簡単に除去可能なものをできるだけ除去する．具体的には，画像全体の中から，顔の認識に重要な部分(たとえば，目，鼻，口を含む領域)だけを切り出して一定の大きさに正規化したり，画面全体の明るさの分布を正規化したりする．これによって，明るさ，服装，髪型，立ち位置，背景，などによる変動を，完全にではないが，ある程度排除することができる．このような処理は**前処理**(preprocessing)とか，**正規化**(normalization)と呼ばれる．さらに，目や鼻などの位置関係から，顔の 3 次元モデルを使って顔の向きを推定して，向きを補正したりすることも試みられている．

こうして，必要な情報をできるだけ損なわずに不要な情報を除去して得られる画像を o' とすれば，o' と c との関係はだいぶ簡素化されている．しかし，o' には，まだ，表情や体調，化粧，めがね，など，顔の認識にとって

は雑音となる情報が含まれている．これらの要因による画像の変動は，cの変化による変動と混じり合っていて，簡単な処理で除去することはできない．また，o'を各画素の値を要素とするベクトルとして処理する場合，次元がまだまだ高く，その後の処理が大変である．そこで，必要のない情報を捨てるのとは逆に，顔の認識にとって重要と思われる情報を抽出することが行われる．

たとえば，目，口などの顔の部品の形やそれらの間の距離は顔の認識にとって重要そうに思われる．実際，たくさんの画像を使って正規化された顔画像の各画素の明るさと，クラス c との相互情報量を計算すると，相互情報量が大きいのは，目や鼻の周辺の画素であることが知られている．しかし，もっと他にも，重要な情報があるかもしれない．人間は暗黙のうちに顔認識をしてしまうため，何が重要な情報かはなかなか明示的にはわからない．そこで，主成分分析や判別分析といった統計的な情報圧縮手法も用いられている．正規化された画像を画素数次元のベクトルと考えて，多数の顔画像のデータを主成分分析したり，判別分析したりすれば，顔画像の変動の主軸となる座標軸や，顔画像をクラス分けするときに重要な情報をもつ座標軸が抽出され，個々の顔画像は，その次元圧縮された座標系での座標値によって表される．

このような情報抽出過程は**特徴抽出**（feature extraction）と呼ばれ，特徴抽出の結果は**特徴量**（feature）と呼ばれる．特徴量は，数次元から数百次元程度の実数値のベクトルとなることが多いため，**特徴ベクトル**（feature vector）とも呼ばれる．特徴量の空間は**特徴空間**（feature space）と呼ばれる．

こうして，入力顔画像は，正規化されて特徴抽出された結果，数次元から数十次元の特徴ベクトルへと変換される．しかし，この段階になっても，あるクラスに属するデータから得られる特徴ベクトルが，1つの値に完全に集約されるということはない．排除できないゆらぎや，正規化，特徴抽出の影響が残るのである．この，残された変動を除去して，特徴ベクトルを，最

終的にそれの属するクラスへと写像する処理が，識別（discrimination）[*1]である．

1.3 統計的パターン認識

　正規化や特徴抽出では，主に，個々のパターン認識問題に固有の知識を用いて，認識のために重要な情報を抽出し，重要ではない情報を捨てた．どのような特徴量を抽出するかは，パターン認識が成功するかどうかを左右する重要なポイントであるが，その解決法は問題固有性が高く，一般的に論じることがむずかしい．主成分分析や判別分析のような汎用的な情報圧縮写像を特徴抽出に使う方法，あるいは特徴抽出の問題を「入力パターンの変換群に対して不変性をもつ特徴量を求める」という形でできるだけ一般的に扱おうとする試みもあるが，一般的には，良い正規化や良い特徴量を得るためには，認識対象とするパターン情報の性質を深く理解する必要がある．すなわちパターン認識研究の主な目的の1つは，音声や画像など，認識対象とするデータが固有にもっている性質を発見することである．

　これに対して，識別過程では，すでに問題固有の知識を使い尽くした後であるため，問題固有の知識によらない，汎用的な手法が必要とされる．ここが，統計的手法の主たる活躍の場となる．

　前節で述べたように，パターン識別とは，特徴ベクトル x をクラス c へと対応づける処理である．そのためには，x の空間をいくつかの部分に分割して，それぞれの部分に，対応する c の値（クラスラベル）を振ればよい．ここでの問題は，

（1）空間の分割をどのように表現するか？
（2）適切な分割をどのように求めるか？
（3）新しい入力 x がどの部分に入っているかをどのように判定するか？

[*1] 研究分野によって，判別，弁別と訳されることもある．また，classification という言葉があり，こちらは通常は分類，あるいは類別と訳されるが，これを識別と訳している場合もある．さらに，decision という言葉もあり，通常は（意思）決定と訳される．これらの言葉の使われ方は，それらが使われてきた分野での慣用によっており，使用されている文脈や分野を考慮して意味を汲み取る必要がある．

である．

　良い識別方式を得るためには，各クラスに属するパターンから計算される特徴ベクトル x が，特徴空間の中でどのように分布しているかを的確に捉えて，その偏りを利用する必要がある．逆にいえば，各クラスのデータの特徴ベクトルが特徴空間の中でランダムに分布しているようでは，良い識別方式を得ることは不可能である．すなわち，特徴量の取り方が悪かったということになる．

　x の分布のしかたを，パターンの生成過程や特徴ベクトルの計算過程から明示的に導出することはほとんど不可能であるため，事例データに基づく方法，すなわち，正解のわかっているパターンをたくさん用意して，そこから得られる特徴ベクトルの分布の様子に従って識別方式を構成する方法が必要とされる．顔認識システムの例でいえば，あらかじめ，誰が写っているかがわかっている画像をたくさん集めて，そこから計算される特徴ベクトルの分布のしかたを利用することになる．このためのデータ，すなわち，特徴ベクトル x と正解クラス c のペアの集合 $D = \{(x_1, c_1), (x_2, c_2), \cdots, (x_N, c_N)\}$ は学習データ (learning examples)，学習用データ，あるいは，訓練データ (training samples) などと呼ばれる[*2]

　十分な数の学習データを集めれば，そこから，特徴量の分布のしかたについての情報が得られる．たとえば，あるクラスに属する特徴ベクトルは，空間の狭い領域に集中しているかもしれない．あるいは，特徴空間の特定の部分空間に集中しているかもしれない．このように，あらかじめ収集されたデータに基づき，統計的手法を用いて識別を行う方法の研究は，統計的パターン認識 (statistical pattern recognition) と呼ばれ，パターン識別研究の主要な流れの1つとなってきた．

　いくつかの特徴量によって表される対象を，それが属するクラスへと分類・識別する問題は，病気の診断，生物の種の分類などに共通するもので，古くから統計学の主要な応用対象の1つである．そこでは，データに基づいて最適な識別・分類を行うための手法として，判別分析，数量化2類，ベ

[*2] なぜ，「学習」，「訓練」といった言葉が用いられるのか，不思議に感じられるかもしれない．それについてのひとつの説明は 2.7 節にある．

イズ識別，といった手法が提案されてきた．統計的パターン認識の分野でも，こうした手法は用いられているが，それに加えて，特徴量の分布のしかたを捉えるためのいろいろな工夫も発明されてきている．次章ではそれを具体的に見てゆく．

2　いろいろなパターン識別手法

　特徴空間内での学習データの分布のしかたをどのように捉え，どのように利用するか，という問題に答えるために，さまざまな観点から多くの方法が考えられてきた．この章では，代表的なアイデアとして，
　（1）代表ベクトル（テンプレート）による方法
　（2）近傍パターンの投票による方法
　（3）部分空間による方法
　（4）識別関数による方法
　（5）決定木による方法
　（6）階層型のニューラルネットワークによる方法
の6つを簡単に紹介する．いずれも，異なった履歴をもち，歴史的に生き残り，長く研究され，多くの問題で有効性が示されてきたものである．各手法にはさまざまな改良や拡張が行われてきており，詳しく述べれば，それぞれについて1巻の書物を必要とする．技術的な内容の詳細については，すでに多くの良書があるため，ここでは，それぞれの手法の核となっている基本的なアイデアをできるだけわかりやすく記述することを心がけた．

2.1　テンプレートマッチング法

　良い正規化と特徴抽出が行われて，必要ない情報が十分に捨てられた場合には，各クラスのデータの分布は，かなりよくまとまった局所的なものになることが予想される．そのような場合には，クラスごとのまとまり

を 1 つの代表ベクトル(テンプレート(template)あるいは，プロトタイプ(prototype)と呼ばれる)で表現することが考えられる．識別を行うときには，入力ベクトル x と各クラスの代表ベクトルとの間の距離(distance)，あるいは類似度(similarity)を，何らかの尺度で評価して，最も近いクラスに識別すればよい．このような手法は，テンプレートマッチング(template matching)法と呼ばれる．

代表ベクトルの求め方，および，代表ベクトルとの距離の測り方によって，多くのバリエーションが考えられる．代表ベクトルの求め方としては，たとえば，クラス c に属する学習データの分布から，平均 μ_c を求めるのが最も自然かつ簡単である．新しい入力 x の識別方式としては，各クラスの代表ベクトル μ_c との間のユークリッド距離を計測して，距離が一番短いもの，つまり，一番近いクラスへと識別することが考えられる．

この場合，(x, y) をベクトル x と y の内積として，
$$||x - \mu_c||^2 = ||x||^2 - 2(x, \mu_c) + ||\mu_c||^2$$
なので，クラス平均までの距離(の 2 乗)を最小にする c を選ぶことは，クラス c ごとに定義される
$$g_c(x) = 2(x, \mu_c) - ||\mu_c||^2$$
という x に関して 1 次(線形)の関数を最大にする c を選ぶことと同値である．また，クラス c の領域と c' の領域との間の境界は $g_c(x) = g_{c'}(x)$ から
$$2(x, (\mu_c - \mu_{c'})) - ||\mu_c||^2 + ||\mu_{c'}||^2 = 0$$
という超平面(hyper plane)となる．

この方法は直観的に大変わかりやすく簡単だが，いつもうまくゆくわけではない．たとえば，特徴空間内で，あまりよくまとまっていないクラスと，とてもよくまとまっているクラスとがあった場合に，それぞれの平均とのユークリッド距離によって近さの評価をすると，広がっているクラスのデータはコンパクトなクラスに間違えられやすくなる．そこで，それぞれのクラスの分布のひろがりを考慮した距離として，
$$(x - \mu_c)^T \Sigma_c^{-1} (x - \mu_c)$$
のように，各クラスの分散共分散行列 Σ_c の逆行列で重みづけた距離(の 2 乗)を使うことが考えられた．ここで x^T は，列ベクトル x の転置である．こ

の距離はマハラノビス距離(Maharanobis distance あるいは Maharanobis' distance)と呼ばれている*3. この距離に基づいて識別を行うと, クラス間の識別境界は 2 次曲線になる.

さらに特徴抽出が不十分で, 1 つのクラスのデータが長く伸びたり, 複雑な形に分布をしていたり, いくつかのまとまりに分裂してしまっていたりすることも考えられる. このような場合の対策としては, 代表ベクトルを複数用意することが考えられる. この方法は, マルチテンプレート(multiple template)法と呼ばれる. x の識別を行う場合には, x と, すべての代表ベクトルとの間の距離を評価して, 最も近い代表ベクトルの属するクラスへと識別すればよい.

しかし, 複数の代表ベクトルの決め方は自明ではない. 最も単純には, 何らかのサンプリングルールに従ってランダムに選択する, という方法が考えられる. また, 各クラスに属するデータをクラスタリングして, いくつかのクラスタに分け, まとまりごとに平均を求めることも行われる. この場合, どのようなクラスタリング手法を用いるかや, クラスタの数をどう決めるか, などが問題となる.

2.2　k-最近傍識別法

古典的なパターン識別方式の中で, 最もよく知られているものの 1 つが, k-最近傍識別法(k-nearest-neighbours classificaion rule, k-NN rule)である. テンプレートマッチングが, 学習データから 1 つ, あるいは少数の代表ベクトルを求めて利用するのに対して, この方法では, 学習データをすべてそのまま記憶しておく. すなわち, 学習データ全部で学習データの分布を表現する. このように, 多くのデータをほとんどそのまま記憶して利用する方法は, 学習データの分布の様子を少数の代表ベクトルなどによって圧縮し

---

*3　この呼び名は, Maharanobis が 1930 年頃の論文において 2 つの正規分布 $N(\mu_1, \Sigma)$ と $N(\mu_2, \Sigma)$ の間の距離を $(\mu_1 - \mu_2)^T \Sigma^{-1} (\mu_1 - \mu_2)$ によって計量することを提案したことに由来している. 分布間の距離を指す場合には, マハラノビス汎距離(Maharanobis(') generalized distance)とも呼ばれる.

て表現する方法に対して，記憶ベースの方法(memory-based approach)と呼ばれる．

新しい入力 x を識別するときには，記憶されている学習データの中から x に近い順に k 個をとり，多数決をとる．すなわち，k 個の中で，クラス c に属しているものの数が，それぞれ l_c 個だとするとき，l_c を最大にするクラス c を識別結果とする．

この方法は，テンプレートマッチング法と同様に，きわめて単純であるにもかかわらず，入力特徴の次元があまり大きくない場合には，多くの問題でかなり良い識別性能を示すことが知られている．とくに，特徴空間内でのデータの分布がきれいにまとまっていない場合でも，かなり柔軟に対処できるのが特徴である．実際，1-NN 法(単に NN 法とも呼ばれる)が，マルチテンプレートのテンプレートマッチング法においてすべての学習データをテンプレートとして使うという極端な場合に対応していることを考えれば，その柔軟性は理解しやすい．図 2 に，1-NN 法と 5-NN 法で 2 次元の特徴空間の 2 つのクラスを識別した場合の識別境界の例を示した．1-NN 法の場合，クラスの境界は，学習データ点から計算されるボロノイ図(Volonoi diagram)の部分をつなぎあわせたものになり，複雑な形の境界が表現できることがわかる．一般に，k-NN 法では，1-NN 法の境界を滑らかになら

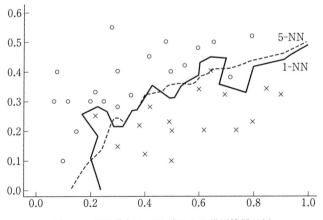

図 2　1-NN 法と 5-NN 法による識別境界の例

したような境界が得られる．

　k-NN 法は，柔軟な方法であるが，学習データをすべて記憶するので，必要とする記憶容量が多い．また，認識時に近傍ベクトルを求めるための計算量が多く，学習データ数が増えると，識別時のシステム応答が遅くなる．このため，現実的な手法と考えられていない時期もあったが，コンピュータのハードウェアの進歩によって記憶容量が巨大化し，計算速度が非常に高速化したことによって，多くの現実的な規模の問題で試すことができるようになり，識別方式の性能評価をする場合のベースラインとして用いられることが多くなった．ただし，柔軟な識別を可能にすることの代償として，特徴ベクトルの次元数が大きな場合に性能が安定しない，という問題点がある．この点については 3.6 節および 6.5 節でも述べる．

　テンプレートマッチング法と同様に，k-NN 法においても，データ間の距離（類似度）をどのように測るかには考慮の余地がある．また，k の値をどう決めるかも問題である．さらに，単純な 0/1 の投票ではなく，距離に応じた重みづけをした投票をする，といったバリエーションが考えられている．

2.3　部分空間法

　特徴ベクトルの空間が比較的高次元のとき，そこでのデータの分布を観察すると，それぞれのクラスのデータが，特徴空間の低次元の部分空間に収まっていることがしばしばある．このことから，学習データを用いて各クラス c に対応する部分空間 S_c を決めて，新しい入力 x に対しては，x を各 S_c に射影した射影ベクトルの長さを比較して最も長いクラスに識別することが考えられた．この方法は**部分空間法**（subspace method）と呼ばれる．

　S_c の次元を d_c として，その部分空間を張る単位直交基底ベクトルを e_{ci} $(i=1,\cdots,d_c)$ とすれば，入力 x の S_c への射影の長さの 2 乗は，

$$g_c(x) = \|\sum_{i=1}^{d_c}(x, e_{ci})e_{ci}\|^2 = \sum_{i=1}^{d_c}(x, e_{ci})^2$$

と書ける．また，射影行列 $P_c = \sum_i e_{ci}^T e_{ci}$ を使えば，

$$g_c(x) = x^T P_c x$$

である．

　S_c の直交基底を求める方法はいろいろ考えられるが，最も単純には，学習データ中の各クラスのデータをクラスごとに主成分分析して主軸を抽出する方法がある．クラス c のデータを主成分分析したときの固有値を，大きい順に $\lambda_{c1}, \cdots, \lambda_{cM}$ とする．M は特徴ベクトル x の次元である．このとき，各固有ベクトルの**寄与率**(contribution ratio)

$$\frac{\lambda_{ci}}{\sum_{j=1}^{M}\lambda_{cj}}$$

の変化を見て，寄与率が少数の軸に集中していれば，部分空間法の前提は満たされているといえる．

　各クラスの部分空間の次数 d_c をどう決めるかも問題である．代表的な方法としては，$d_c = k$ としたときの**累積寄与率**(cumulative contribution ratio)

$$\alpha(k) = \frac{\sum_{j=1}^{k}\lambda_{cj}}{\sum_{j=1}^{M}\lambda_{cj}}$$

が，一定のしきい値 τ を越えたときの値を使う，というものがある．この場合，クラスごとに異なる d_c が用いられることになる．

2.4　識別関数の最適化による方法

　クラスごとの学習データの分布を眺めてそれをどのように表現するか考えると，代表ベクトルによる方法や，その極端な場合である全数記憶法，あるいは部分空間法などが自然に思いつく．一方，それとは逆に，入力 x をどのような手順で識別するかという問題を考えると，各クラス c ごとに入力 x の関数 $g_c(x)$ を定めておき，x が入力されたときに，それぞれの関数の値を求めて，最大，あるいは最小にするクラス c を識別結果とする，というのは自然なアイデアである．

このような関数 $g_c(x)$ (この記号はすでに，ここまでの節でも使っていた) は，**識別関数** (discriminant function) と呼ばれる．また，特徴空間で $g_c(x) = g_{c'}(x)$ となるような領域は，クラス c と c' の**識別境界** (decision boundary) あるいは識別面 (decision surface) と呼ばれる．

この場合の問題は，良い識別関数を学習データからどのようにして求めるか，である．1つの方法は，回帰分析などと同じように，各クラスの識別関数の形を $g_c(x) = f(x, \alpha_c)$ のようにパラメタを含んだ形であらかじめ決めておき，そこに含まれるパラメタを調節して，何らかの基準で最適な識別関数を得る，というものである．

たとえば，$g_c(x)$ を
$$g_c(x) = (x, a_c) + b_c$$
という x に関して線形な形に決めておき，係数ベクトル a_c やスカラー b_c を何らかの基準に関して最適化する．この場合，α_c は a_c および b_c をまとめたものである．このように，x に関して線形な識別関数は，**線形識別関数** (linear discriminant function) と呼ばれる．線形識別関数を用いた場合，識別境界は特徴空間内の超平面になる．

すでに述べたように，クラス平均を代表ベクトルとするテンプレートマッチング法による識別は，
$$g_c(x) = 2(x, \mu_c) - \|\mu_c\|^2$$
という線形識別関数を用いた識別と同じである．逆に，$b_c = -\frac{1}{2}\|a_c\|^2$ として，
$$g_c(x) = (x, a_c) - \frac{1}{2}\|a_c\|^2$$
という線形識別関数を用いるということは，クラス c のデータの分布を a_c という代表ベクトルで表現して，そのベクトルまでのユークリッド距離で識別している，ということになる．したがって，識別関数のパラメタ a_c を最適化することは，テンプレートマッチング法における代表ベクトルを最適化することに対応している．

学習データに対して適用したときの識別誤りの数を最小にするパラメタ α_c が求められればよいが，誤りの数は α_c に関して非連続な関数であるため，そ

れを最適化する α_c の値を探索することはむずかしい[*4]．そこで，1つの工夫として，各クラスに $t_c = (0, \cdots, 0, 1, 0, \cdots, 0)$ という c 番目の要素だけが1で後は0のベクトル（クラスの数を K とすれば K 次元のベクトルになる）を対応づけて，$g_c(x)$ の値を並べたベクトル $g(x) = (g_1(x), \cdots, g_K(x))$ が，x が属するクラス（正解クラス）を表すベクトルになるべく近づくようにパラメタを決めることが行われている．すなわち，学習データを $D = \{(x_1, c_1), (x_2, c_2), \cdots, (x_N, c_N)\}$ とするとき，$g(x_i)$ と t_{c_i} の平均2乗誤差

$$\frac{1}{N} \sum_{i=1}^{N} \|g(x_i) - t_{c_i}\|^2$$

を最小にするパラメタを求める．この方法は，**平均2乗誤差最小化**(least mean squared error, LMSE)と呼ばれる．

LMSEを達成する最適なパラメタを求める計算は，通常の重回帰分析の係数を求める問題と同じである．一般に，

$$g_c(x) = \sum_i a_{ci} u_i(x)$$

のように，任意の，あらかじめ決められた関数 $u_i(x)$ を使って x を変換してから線形和をとる，パラメタについて線形なモデル（**一般化線形識別関数**(generalized linear discriminant function)と呼ばれる）の場合には，以下のようにしてパラメタを求めることができる（$u_i(x)$ が定数である場合も含む）．

学習データの特徴ベクトル x_i を $u(x_i) = (u_1(x_i), \cdots, u_M(x_i))$ で変換したベクトルを行として並べた N 行 M 列のデータ行列を X とする．M は特徴ベクトルを u によって変換して得られるベクトルの次元である．また，x_i の属するクラス c_i を，t_c の形に表現したベクトルを行として並べた N 行 K 列の行列を C とする．各クラスの識別関数のパラメタ $a_c = (a_{c1}, \cdots, a_{cM})$ を列として並べた M 行 K 列の行列を A とすれば，$C - XA$ は各学習データに関する誤差ベクトルを行として並べた行列になる．このとき，平均2乗誤差を最小にするパラメタ行列 $\hat{A}$ は，X の**一般化逆行列**(generalized

---

[*4] 2.6節で述べるパーセプトロンの学習アルゴリズムは，学習データに対する識別誤り率を0にできる場合に，これを実現する1つの方法である．

inverse, pseudo inverse)を X^+ として，$\hat{A} = X^+ C$ である．X^T を行列 X の転置行列として，$(X^T X)$ が逆行列をもつ場合(データ数 N が特徴次元 M よりも大きい場合には普通は成り立つ)には，$X^+ = (X^T X)^{-1} X^T$ であるから，

$$\hat{A} = (X^T X)^{-1} X^T C$$

となる．最適なパラメタはまた，最急降下法や共役勾配法などの最適化技法によっても求めることができる．

1つのクラスを1つの代表ベクトルで表現するのが適切でない場合にマルチテンプレート法が用いられるように，1つのクラスを1つの識別関数で表現するのが適切でない場合には，副次的な識別関数 $g_{ci}(x)$ を複数用意して，

$$g_c(x) = \max_i g_{ci}(x)$$

という識別関数を構成することが考えられる．$g_{ci}(x)$ が x について線形の場合には，このような $g_c(x)$ は**区分線形識別関数**(piecewise-linear discriminant function)と呼ばれる．この拡張によって，より複雑な識別境界を表現することが可能になるが，最適なパラメタの探索は困難になってゆく[*5]．

2.5　決定木による方法

病院で病気の診断を行うときには，まず，検査Aを行い，その結果に応じて，検査Bを行い，…，というように一連の検査を行う．患者は，必ずしもすべての検査を受けるわけではなく，最終的にどのような検査をどのような順番に受けるかは，途中の検査の結果によって変わる．

パターン識別においても，このように，入力 x の性質についての逐次的なテストを行うことで，最終的にその属するクラスを推測することが考えられる．このとき，どのようなテストをどんな順で実施するかは，最初のテストを根のノード(node)とし，そのテストの結果に応じて分岐した枝の先に次のテストに対応するノードをつける，という形で構成される木によっ

[*5] 2.6 節で述べる，階層型ニューラルネットワーク(多層のパーセプトロン)とその学習アルゴリズムは，それを実現するための1つの方法である．

て表現できる．木の末端である葉(leaf)には，識別結果のクラスが割り振られる．このような木は**決定木**(decision tree)と呼ばれる．図 3 に，テニスをするのに適した日か否かを識別する決定木の例を示した．特徴量としては，天気(晴・曇・雨)，湿度(連続値)，風(有・無)を用いている．

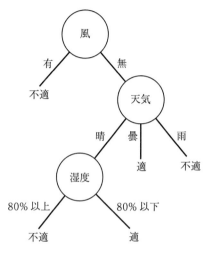

図 3　決定木の例

それぞれのテストは，特徴空間を複数の領域に分割する．したがって，決定木は，特徴空間の分割のしかたと，分割結果の部分領域のクラスラベル，そして，入力 x がどの部分領域に含まれるかを判定するための手続きを与えている．決定木によって構成される識別境界の様子は，個々の要素的なテストが構成する境界の組み合わせになり，要素的なテストの候補として何を用意するかに大きく依存する．学習データも，決定木によって複数のお互いに排反な部分集合へと分割される．決定木の各ノードには，そのノードを通過する学習データの集合を対応づけることができる．

決定木を作るには，どのようなテストをどのような順番で行うかを決める必要がある．そのための方法は数多く提案されているが，下記のように，根のノードから再帰的に決定木を構成してゆくものが多い[*6]．

[*6] 決定木とよく似た空間分割法として再帰的分割(recursive partitioning)と呼ばれるものがある．

(1) 木の根となるノードに，全学習データ D を対応づける．
(2) **if** ノードに対応づけられたデータが停止条件を満たす．
　　then そのノードに対応づけられたデータが属するクラスについて多数決をとり，そのノードのクラスを決める（そのノードは決定木の葉となる）．
　　else ノードに対応づけられたデータに対して適用可能なテストを選択して，その結果によって子ノードを生成する．さらに，ノードに対応づけられたデータをテストで分類し，それぞれの子ノードに対応づける．
(3) すべてのノードで木の生成が停止するまで，ステップ 2 を再帰的に繰り返す．

この手順を実際に適用するには，
(1) テストを選ぶための候補テスト集合
(2) テストの選択基準
(3) 停止条件

を具体的に決める必要がある．

　決定木生成の代表的手法の1つで，多くのデータ解析ソフトウェアにも採用されている Quinlan の C4.5 では，候補テストとして，ベクトル x の1つの要素の値による分類を用いている．すなわち，ある要素の値が有限個の離散値をとる場合には，その値によってそのノードに対応づけられたデータを分割する．連続値をとる場合には，その値が，あるしきい値よりも高いか低いかによってデータを2分割する．しきい値の候補としては，そのノードに対応づけられたデータから得られる値を大きさの順に並べて，隣り合う2つの値の中間の値をすべて考慮する．この場合，結果として得られる部分領域は，特徴空間を超直方体の集まりに分割して組み合わせたようなものになる．

　テストの選択基準としては，分割前と分割後とで，データ内のクラスのばらつきがどれだけ減少したかを定量化する基準が用いられる．具体的には，ノードに対応づけられたデータを D_0，テスト T の結果によるデータの排反な分割を $D_1, \cdots, D_L$，$D_0 = \bigcup_{i=1}^{L} D_i$ とし，D_i 内のクラス c の相対頻

度を $p(c; D_i)$ とすれば，D_i 内のエントロピーは

$$H(D_i) = -\sum_{c=1}^{K} p(c; D_i) \log_2 p(c; D_i)$$

と計算できる．このとき，テスト T による**情報量の増加**（information gain）を，

$$G(D_0, T) = H(D_0) - \sum_{i=1}^{L} \frac{|D_i|}{|D_0|} H(D_i)$$

のように定義する．この値は，テストによる分割が細かいほど大きくなってしまうため，分割の細かさを表現するもう1つの情報量

$$S(D_0, T) = -\sum_{i=1}^{L} \frac{|D_i|}{|D_0|} \log_2 \left(\frac{|D_i|}{|D_0|}\right)$$

によって正規化した $G(D_0, T)/S(D_0, T)$ を T を選択するための基準として用いている[*7]．エントロピーのかわりに，データのばらつき（散布度）を評価する指標である Gini 係数（Gini index）が使われることもある．

分割の停止条件としては，

（1）すべてのデータが同じクラスに属する

（2）すべてのテストが同じ結果を与える

を用いている．ただし，データに雑音が多い場合には，この停止条件で得られる木は非常に複雑になることが多い．そこで，一旦木を構成した後で，何らかの方法で木の枝狩り（pruning）をして，単純な木を得ることが行われる．刈る枝を決めるための基準としては，3.9節で触れる MDL 基準がよく用いられる．

2.6 ニューラルネットワークによる方法

ニューラルネットワーク（モデル）（neural network(model)）[*8]は，生物の

[*7] これは，C4.5 Release 7 での基準であり，その後，Release 8 では，連続値の扱いを改善するための改良が行われている．

[*8] 生体の神経回路網と区別するために人工神経回路網（モデル）（artificial neural network(model)）などとも呼ばれる．

脳の神経回路網を模做した計算メカニズムの総称である．はじめにも述べたように，パターン認識は，人間をはじめとする生物が得意とし，無意識のうちに日常的に行っている情報処理であるが，人間や動物がいとも簡単にそれをやっているのに対して，コンピュータにそれを行わせることはむずかしい．そこで，脳の仕組みを模做したメカニズムによって人間のように柔軟なパターン認識を行わせる方法が，古くから探求されてきた．

人間の神経系は多くの神経細胞が結合したネットワークであり，その要素である神経細胞は，多数の神経細胞から入力信号を受け取って情報処理を行い，処理結果を多くの神経細胞に出力していることが知られている．1つの神経細胞でどのような情報処理が行われているのか，また，神経回路網上で情報がどのように表現されているのか，は未だに研究の途上であり，さまざまな数理的モデルが提案されている．

その中でも最も単純なモデルは，しきい素子(threshold unit)を用いた神経細胞モデルである．細胞(素子，ユニットなどと呼ばれる)への入力ベクトルを $x=(x_1,\cdots,x_M)$ とするとき[*9]，1つのしきい素子の動作は，以下の式で表される．

$$y = H\left[\sum_{i=1}^{M} w_i x_i - \theta\right]$$

w_i は入力要素 x_i にかかる**結合の重み**(connection weight)，θ は細胞の**しきい値**(threshold value)と呼ばれる．$H[\ ]$ は，しきい関数，ステップ関数，ヘビサイド(Heviside)関数などと呼ばれる関数で，[ ]内の値が正のときには1，負のときには0の値をとる．したがって，この素子は，入力 x_i を w_i で重みをつけて足しあわせた和が，しきい値 θ より小さい場合には0を出力し，θ を越えると1を出力する．これが，「しきい素子」という名前の由来である．

このような単純な神経細胞モデルは，その最初の提案者の名前からMcCulloch-Pittsのモデルと呼ばれている．Rosenblattは1958年に，しきい素子を階層的に接続したネットワークにパターン認識を学習させることができ

[*9] 本稿では，記号 x_i は学習データ D の中の i 番目のデータという意味で使っているが，ここでは x の i 番目の要素という意味で用いる．

ることを示し，そのような仕組みを総称的にパーセプトロン（perceptron）と呼んだ．

　最も簡単な，しきい素子1つを使った識別について考えてみる．素子の出力が1のときにクラス1，0のときにクラス2に識別することにすると，しきい素子1つで2つのクラスを識別することができる．この識別方式は，識別関数を

$$g_1(x) = H\left[\sum_{i=1}^{M} w_i x_i - \theta\right]$$

$$g_2(x) = 1 - H\left[\sum_{i=1}^{M} w_i x_i - \theta\right]$$

のように構成していることと等価であり，入力ベクトル x の空間を $\sum_i w_i x_i - \theta = 0$ という超平面によって2分割することになっている．

　良い識別を行うためには，重みベクトル $w = (w_1, \cdots, w_M)$ を適切に決める必要がある．そのための方法はいろいろ考えられる．たとえば，クラス1および2の平均ベクトル μ_1 と μ_2 を使って，

$$w = 2(\mu_1 - \mu_2) \qquad (1)$$

$$\theta = ||\mu_1||^2 - ||\mu_2||^2 \qquad (2)$$

とすれば，クラス平均を代表ベクトルとするテンプレートマッチング法と等価になる．

　パーセプトロンに代表されるニューラルネットワークモデルが多くの研究者の興味を引いた理由の1つは，その構造だけではなく，w や θ の決め方についても，人間や動物のやり方を模倣しようとしたことにある．行動心理学の研究では，魚，鳥，ネズミ，猿などの動物にパターン情報の弁別学習（discrimination learning）を行わせることが盛んに行われる．そこでは，動物に図形や音などのパターンを提示して識別させ，正答時に餌などの報酬を与えたり，誤答時に電気ショックなどの罰を与える．課題設定が適切であれば，動物の行動が徐々に修正されて，正答率が上がってゆく様子が観察される．これと同じように，ニューラルネットワークに例題を提示して，識別を行わせながら，正答・誤答に応じて w や θ を修正してゆき，最終的に高い正答率を与えるような良いパラメタの値を学習する方法が研究

された.

　w や θ を修正する手続きは，ニューラルネットワークの学習アルゴリズム(learning algorithm)と呼ばれる．しきい素子1つの識別器の代表的な学習アルゴリズムは以下のようなものである．なお，入力ベクトルに常に値 -1 をとる仮想の入力を1つ追加し，$x=(x_1,\cdots,x_M,-1)$ とすれば，しきい値 θ を結合の重み w の成分の1つ w_{M+1} として扱うことができる．以下では式を簡単にするためにこの記法を利用する．

(1) w の初期値を0でないランダムな値に定める．

(2) 学習データから1つのデータ x をランダムに選んで入力し，現在の w の値を用いてネットワークの出力を計算し，識別結果を出す．

(3) 識別結果を正解と比較して，

　　if 識別結果が正しい **then** 何もしない．

　　if 識別結果が誤り **then**

　　　　if x がクラス1 **then** $w \leftarrow w+x$

　　　　if x がクラス2 **then** $w \leftarrow w-x$

　のように w を修正する．

(4) ステップ(2)に戻って繰り返し．

ステップ(3)のパラメタ更新式は，しきい素子の出力を y, 0/1 の2値をとる正解出力(教師信号と呼ばれる)を t として，誤差を $\delta = y-t$ と書くと，

$$w \leftarrow w - \delta\, x$$

とまとめることもできる．このようなパラメタの更新式は**学習方程式**(learning equation)と呼ばれ，それが定義するパラメタの変化の様子，すなわちダイナミクスは，**学習ダイナミクス**(learning dynamics)と呼ばれる．

　この学習アルゴリズムは，識別結果が誤りの場合のみ，結果が正しくなる方向にパラメタの値を修正することから，**誤り訂正学習法**(error correcting learning)と呼ばれている．1つの学習データに対して正解するようにパラメタの値を修正した結果，これまで正解していたデータに対して間違った答えを出すようになってしまう可能性があるが，すべての学習データに対して正解を与える w が存在する場合には，上の学習手続きが有限回で収束することを証明できる(パーセプトロンの収束定理)．すでに見たように，

しきい素子1つの識別器による識別境界は超平面なので，すべての学習データに対して正解を与えるwが存在するということは，2つのクラスの学習データを完全に分離するような超平面が存在する，ということを意味する．このときに，学習データの2つのクラスは，**線形分離可能**(linearly separable)であるといわれる．

また，この学習手続きでは，学習データ全体を蓄積して統計的に一括処理してパラメタを求めるのではなく，学習データが来るたびにパラメタをその都度少しずつ修正している．このような学習手続きは，**オンライン学習**(on-line learning)と呼ばれる．これに対して，通常の，学習データ全体を一括処理する方法を**バッチ学習**(batch learning)と呼ぶことがある．

パーセプトロンの実用性はあまり高くはなかったが，その提案に含まれていた

- 生物の神経系を模倣し，単純な処理を行う素子をネットワーク状に結合して並列分散的に多様な情報処理を行う
- 生物の学習過程を模倣し，ネットワークに正しい振る舞いを学習させる

という基本的なアイデアは多くの人を魅了し，ニューラルネットワークモデルによる情報処理という研究分野を創り出した．そこでは，いろいろな特性の素子(神経細胞モデル)やネットワークの構造，学習アルゴリズムが提案され，多くの問題に対して評価されながら，さまざまに改良されている．提案された手法のいくつかは，現在ではパターン識別やデータ解析，データマイニングの標準的な手法の1つとして，多くのデータ解析ソフトウェアに組み込まれるようにもなっている．1つの処理システムは，各素子での処理，ネットワークの構造(ユニット間の接続構造)，学習アルゴリズム，によって規定される．これらをまとめたものをニューラルネットワークのアーキテクチャと呼ぶことがある．以下では，最もよく用いられて研究されている，図4のようなネットワークについて述べる．

このネットワーク構造では，素子全体はいくつかの層に分かれていて，各層の素子は，それよりも前(入力に近い)の層の素子だけから入力を受けるように接続されている(1つ前の層の素子だけから入力を受けるのが普通)．素子が階層的に接続されているため，入力情報は層を経るたびに処理され

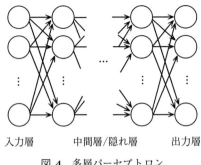

図 4　多層パーセプトロン

てゆき,最後の層に達したところで処理が終了する.このような構造は階層的なネットワーク(layered network, hierarchical network),あるいは,多層パーセプトロン(multi-layer perceptron)と呼ばれる.

　第1層は入力特徴量を受け取ってそのまま出力するだけなので,実質的な処理を行うのは2番目以降の層である.第1層は入力層(input layer),第2層から最終層の1つ前の層までは中間層(intermediate layer),最終層は出力層(output layer)と呼ばれる.中間層は,初期には連合層(association layer)と呼ばれていた.外から直接アクセスできないため,隠れ層(hidden layer)と呼ばれることも多い.

　中間層と出力層の素子では,しきい素子と同様に前層のユニット出力の重みつき和を計算した後,しきい関数の代わりに,図5のような単調増加でS字型のグラフをもつシグモイド関数(sigmoid function)(ロジスティック関数(logistic function)とも呼ばれる)

$$f(x) = \frac{1}{1+e^{-x}}$$

を用いて出力を計算する.しきい関数の代わりにシグモイド関数を用いるのは,ネットワーク全体の入出力関係を連続で微分可能なものにするためである.これによって,最適な結合の重みの探索に,最急降下法や共役勾配法といった,連続関数の最適化技法を用いることが可能になり,パーセプトロンの学習アルゴリズムは不可能だった隠れ層のユニットの結合の重

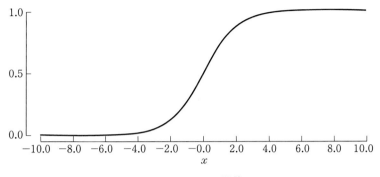

図 5 シグモイド関数

みの修正を行うことができるようになる[*10].

評価関数と最適化技法を決めれば,学習アルゴリズムが得られる.パターン識別の場合の評価関数としては,識別関数の節(2.4 節)でも述べたように,ネットワークの出力層の各ユニットを各クラスに対応づけて,出力ベクトルと正解ベクトルとの誤差の 2 乗が用いられることが多い.この評価関数は結合の重みパラメタ w の関数であるため,それを $R(w)$ と書けば,最急降下法によるパラメタ最適化から,次のような結合の重み w の更新式を得ることができる.

$$w \leftarrow w - \eta \frac{\partial R(w)}{\partial w}$$

η は 1 回の更新での修正量を決める正の小さな数であり,**学習係数**(learning rate)と呼ばれる.$R(w)$ は各ユニットで計算される関数を合成したものになっている.そこで,$R(w)$ の偏微分係数は,同じ計算の繰り返しを避けながら,局所的に,効率良く計算することができる[*11].具体的なアルゴリズムは次のようになる.

[*10] パーセプトロンの研究の初期には,隠れ層の結合の重みをランダムに決めていたが,多層パーセプトロンの情報処理の能力を十分に引き出すためには,隠れ層の結合の重みを適切に設定する必要があった.それを実現するための工夫として,Rumelhart らによってシグモイド関数の利用が考案された.

[*11] この効率的で局所的な計算手法は,数値解析の分野で高速微分法と呼ばれているものの一種である.

(1) 入力ベクトル x をネットワークの入力層にセットし，各層のユニットの出力 y を計算して保存する(順伝播，forward propagation).
(2) 出力層の各ユニットで，入力 x，出力 y，正解(教師信号) t から $\delta = f'(x)(y-t) = y(1-y)(y-t)$ を計算する.
(3) δ を1つ前の層のユニットに重みつきで伝播させる．すなわち，個々の結合に沿って，その結合の重みを δ にかけた値を前の層のユニットに戻す.
(4) 1つ前の層の各ユニットで，逆伝播された値の総和をとり，そのユニットの $f'(x) = y(1-y)$ をかけて，δ として保存する.
(5) ステップ(3), (4)を繰り返して，ネットワークのすべてのユニット(入力層は除く)に対して δ を求める.
(6) 各ユニットの重みベクトル w を各ユニットの δ とそのユニットへの入力ベクトル x を使って

$$w \leftarrow w - \eta\, \delta\, x$$

のように更新する(この更新式は，パーセプトロンの誤り訂正アルゴリズムのものとよく似ている).

入力から各ユニットの出力を計算する順伝播過程に対して，各ユニットの δ を計算する過程は，**逆伝播**(backward propagation, back-propagation)と呼ばれる．このアルゴリズム全体は1980年代にRumelhartらによって再発見されたもので，**誤差逆伝播アルゴリズム**(error back-propagation algorithm(BP法などと略されることもある))と呼ばれている.

学習データを1つ受け取るごとに重みを修正してゆくとオンライン学習になる．すべての学習データを受け取るまで修正量を蓄積しておき，すべての学習データについて計算した後で一括して修正すればバッチ学習になる．オンライン学習はRobbins-Monroの確率近似法(stochastic approximation)の一種であり，最急降下法を確率的にしたものにあたるため，確率(的)降下法(stochastic gradient descent method, stochastic gradient method)と呼ばれる．その漸近的な収束の条件や収束の速度については，詳しい研究が行われている.

隠れ層の数や各層のユニットの数は，ネットワーク全体で実現される入

出力関係の複雑さに影響するが,隠れ層1層でも,十分な数のユニットを用いれば,任意の連続な識別境界を近似することができることが知られているため,隠れ層1層(全体で3層)のネットワークが最もよく使われる.しかし,隠れ層があることによって,
- $R(w)$ が極小値をたくさんもつ
- $R(w)$ を最小にする w が一意には決まらない

という性質が生まれる.前者については,いくつかの構造のネットワークについて,極小値の数や分布の様子が研究されている.また,後者については,特異点を含むモデルとして一般的に考察されている.

2.7 識別関数の評価

ここまで,代表的なパターン識別手法について述べてきたが,得られた識別関数の性能をどのように評価すればよいだろうか.

それぞれの識別方式によって学習データを識別したときの誤り率(error rate)(識別誤りの数をデータ数で割った値で誤識別率,誤り確率(probability of error)ともいう)を求めることはできる.しかし,それを評価としてよいわけではない.たとえば,1-NN法で識別を行えば,完全に重複するデータが異なるクラスに分類されていない限りは,学習データに対する誤り率は0になる.しかし,だから1-NN法が最も良い,というのはおかしい.また,多層パーセプトロンでは,中間層の素子の数を増やせば増やすほど,識別境界は複雑になり,学習データに対する誤識別率を減らしてゆくことができる.しかし,中間層の素子の数をいくつにすればよいのだろうか?

学習データは,識別関数を構成するためにサンプルとして集められたものであり,それに基づいて作られた識別関数が実際に適用されるのは,学習データとは別の,新しい未知のデータに対してである.このように,学習データによって得られた学習結果を未知のデータに適用することは,学習結果の汎化(generalization)と呼ばれる.新たなデータに対する性能は学習データに対する性能よりも一般的には低くなるが,それがあまり低下しないときに汎化能力が高いという.

識別関数の評価は，学習データに対する誤り率だけではなく，汎化能力も含めて行う必要がある．すなわち，識別関数の構築に使ったものとは異なるデータによる評価が必要である．識別関数の構築に使った学習データによる評価はクローズド（closed）な評価，別のデータでの評価はオープン（open）な評価，と呼ばれる．識別関数を未知のデータに適用したときの性能を予測するためには，オープンな評価をすることが重要である．

　そのための最も単純な方法は，学習データとは別に，評価用のデータ（テストセット）を用意し，学習データで学習させた結果を評価データで評価することである．たとえば，U. S. Postarl Service の手書き数字データベースは，パターン識別方式のベンチマーク問題としてしばしば用いられるが，全部で 9300 のデータを 7300 の学習データと 2000 の評価データとに分けて使われることが多い．また，同様に，NIST の手書き数字データベースは 60000 の学習データと 10000 の評価データとに分けて使われることが多い[12]．

　もう少し工夫したやり方としては，データセット全体を学習用と評価用とに分ける分割のしかたを変えながら，複数回の評価を行うことが考えられる．たとえば，データセット全体を n 個の部分集合に分割し，そのうちの $n-1$ 個を学習に用いて，残りの 1 つを評価に用いる．これを n 回繰り返して，評価値の平均やばらつきを見る方法は，n-fold cross validation と呼ばれている[13]．n がデータ数 N と等しい場合には，学習データから 1 個を除いた残りのデータで学習を行い，取り除いた 1 個で評価することをデータの数だけ繰り返すことになる．この方法は，leave-one-out cross validation と呼ばれているが，その考え方はジャックナイフ法と同じものである．また，学習のデータからリサンプリングを行う，ブートストラップ法に基づく評価も行われている．ただし，いずれも，学習データ数が多い場合には，必要な計算量がかなり大きくなるという問題がある．さらに，有限の数の評価データから得られる誤り率に基づいて，2 つの識別関数の性能に差が

---

[12] これらのデータは WWW から入手することができる．
[13] cross validation は交差検定，交差検証法，交差確認法などと訳されている．

あるか否かを統計的に検定するための方法も研究されている．

3 統計的意思決定としてのパターン識別

ここまでで紹介してきた代表的なパターン識別手法は，特徴空間における学習データを用いて，直接的に識別関数や識別境界を構成するものであった．紹介したものの他にも，数多くの識別関数の構成法やその改良が提案されている．

さまざまな観点からいろいろなアイデアが試みられていることがわかるが，それらの間の関係や，それがどのような場合に，どうしてうまく働くのか，ということについてきちんと考えようとすると，理論的な枠組みが必要になる．そこで役に立つのが，確率分布関数と統計的決定理論である．空間中の点の分布を表現するために確率分布関数を使うのは自然である．そして，学習データ，すなわち経験データ，に基づいて識別関数を構成して，未知のデータの識別を行うという問題は，統計的な意思決定にほかならない．

この章では，まず，特徴ベクトル x とクラス c との間の関係を確率的なパターン生成過程としてモデル化する．さらに，そのモデルに基づいて，識別問題を統計的な意思決定の問題として定式化する．こうすることで，識別関数の性質や最適性についてより深く考察することができるようになる．また，その枠組みによって，これまで述べたようなパターン識別手法やそのバリエーションを統一的に眺めることができるようになる．

3.1 パターン生成過程のモデル

パターン（の特徴量）の生成過程の確率的なモデルとして最も普通に用いられているのは，以下のような単純なモデルである．

まず，パターンが属するクラス c のいずれかが，確率的に選ばれるとす

る．たとえば，手書き文字認識でいえば，どの文字を書こうと思うか，顔認識であれば，どの人が現れるか，単語音声認識であれば，どの単語を発話するか，が決められるということである．このとき，クラス c が選ばれる確率を $p(c)$ とする．この確率は過去に書いた文字などに依存するが，ここでは簡単のためにそれについては考えない．

次に，実際に文字が書かれる，人が視野内に現れて撮影される，あるいは，単語が発話されて録音される，という物理的な過程を経て，クラス c に属するパターン情報の観測事例 o が生成される．すでに述べたように，パターン認識のむずかしさは，ここで生成されるパターン情報が，クラスによって一意には決まらず，さまざまな要因によって複雑にゆらいだものになる，ということにある．たとえば，同じ人が書いた文字であっても，そのときの体や心の状態，ペンや紙の状態，などによって文字の大きさ，位置，形はゆらぎ，まったく同じパターンが得られることはないといってよい．同じ人が現れた場合でも，そのときの照明条件やその人の気分，表情，体の位置や向きなどによって，カメラに捉えられる顔画像は大きく異なるものになる．

パターン認識の問題は，このような生成過程に従ってあるパターン o が観測されたときに，それがどのクラス c から生成されたものかを逆に推測する問題，すなわち，**逆問題**(inverse problem)の一種となる(図6)．それを解くために，パターン情報 o に正規化や特徴抽出の処理をほどこして，特徴量 x を得る．特徴量を得るまでの過程で，o のゆらぎの中のかなりの部分が除去されることが期待されるが，完璧な特徴抽出はむずかしいため，x もまたゆらぐことになる．この残されたゆらぎを雑音として確率分布によって捉える．クラス c に属するパターンの生成，観測と特徴抽出を繰り返したときに得られる特徴量 x の確率分布を $p(x|c)$ と書き，クラス c の特徴量の分布，あるいは，簡単に，c の**クラス分布**(class-conditional distribution)と呼ぶ．そして，すべてのクラスのパターンから得られる特徴量全体は

$$p(x) = \sum_{c=1}^{K} p(x|c)\,p(c)$$

のように，各クラス分布が重みづけられて足しあわされた確率分布に従う

ことになる.

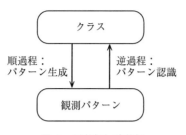

図 6　順過程と逆過程

3.2　損失関数

パターン認識の問題を構成するもう1つの重要な要素は，**損失関数**(loss function)である．クラス c のパターンを c' に誤認識したときの損失を $L(c',c)$ とする．最も単純な損失関数は，$c = c'$ すなわち，正しく認識されていれば損失 0，c と c' とが一致していなければ損失 1

$$L(c',c) = \begin{cases} 0 & \text{if } c' = c \\ 1 & \text{if } c' \neq c \end{cases}$$

という損失関数(0/1 損失関数)である．一般には，あるクラスから生成されたパターンを別のクラスに間違えることの損失は，クラスの組み合わせによって異なることが多い．たとえば，病気の診断で，軽微な病気どうしを間違えることはあまり大きな損失ではないが，致命的な病気を軽い病気と間違えて診断してしまうことは大変に危険である．

パターン生成過程のモデルに従って，クラスが選択され，パターンが生成されるとして，それから特徴抽出をして，ある識別方式 $\Psi(x)$ によって認識する，ということを多数回繰り返したときの損失の期待値は

$$R(\Psi) = \sum_{x} \sum_{c=1}^{K} L(\Psi(x),c) p(x|c) p(c)$$

となる．通常，特徴量 x は連続値を含むため，$\sum_{x}$ は積分になるが，ここで

は簡単のために離散値としている．この $R(\Psi)$ は，統計的決定理論(Berger, 1985)の用語を用いて，識別方式 $\Psi(x)$ の**期待損失**(expected loss あるいは(expected)risk)と呼ばれる．さらに，$L(\Psi(x),c)$ を $Q(x,c,\Psi)$ と書けば，

$$R(\Psi) = \sum_{x}\sum_{c=1}^{K} Q(x,c,\Psi)p(x,c)$$

と書ける．0/1 損失関数は，正解以外の場合に値 1 の損失を割り当てるため，期待損失の値は，誤りの数の期待値，すなわち，識別方式の誤り率になる．

このようにして，パターン認識の問題は，期待損失 $R(\Psi)$ をできるだけ小さくするような識別方式 $\Psi(x)$ を求める問題，すなわち，**期待損失最小化**(risk minimization)問題として定式化することができる．この定式化は，新たな入力パターンに対する識別能力，すなわち汎化能力をどのように評価すればよいのか，という問題に対する答えにもなっている．すなわち，学習データと評価データとが，「同じ確率分布から生成されている」と仮定することによって，汎化能力について理論的に論じることが可能になる．この点については，6 章でさらに詳しく述べる．

パターン生成過程に含まれる確率分布 $p(c)$ や $p(x|c)$ が簡単に計算可能な形でわかっていれば，パターン認識の問題は，最適化問題に帰着される．しかし，実際の問題ではこれらの分布は未知であり，そこからサンプルされた学習データだけが与えられる．その情報から，将来にわたって期待損失をできるだけ小さくする識別方式を構成しなくてはならない．この点が，通常の最適化問題とは異なっている．6.2 節でも述べるように，こうした問題設定は，パターン認識だけではなく，変数の間の関数関係の推定や確率分布推定など，データから帰納的な推論を行う問題に共通したものである．

3.3 事後確率最大化識別

0/1 損失関数の場合には，期待損失(誤り率)は

$$R(\Psi) = \sum_{x}\sum_{c=1}^{K} I[\Psi(x) \neq c]\, p(x|c)\, p(c)$$

となる．ここで，$I[\ ]$ は，$[\ ]$ 内の命題が成り立つときに値 1 をとるものとする．R は，

$$r(x) = \sum_{c=1}^{K} I[\Psi(x) \neq c]\, p(x|c)\, p(c) = \sum_{c=1}^{K} I[\Psi(x) \neq c]\, p(c|x)\, p(x)$$

を用いて，$R = \sum_x r(x)$ と書ける．したがって，個々のデータ x が与えられたときに，$r(x)$ を最小にするように識別を行えば，期待損失を最小にすることができる．特定の x に対して $p(x)$ は一定であるから，確率分布 $p(c|x)$ を最大にするクラス c を識別結果 $\Psi(x)$ とすれば，それは $r(x) = \sum_{c=1}^{K} I[\Psi(x) \neq c] p(c|x) p(x)$ を最小にする．

確率分布 $p(c)$ および $p(x|c)$ が既知であれば，$p(c|x)$ は，ベイズの定理を用いて以下のように求めることができる．

$$p(c|x) = \frac{p(x|c)p(c)}{\sum_{c=1}^{K} p(x|c)p(c)}$$

顔認識の例でいえば，何も観測していない時点では，次に現れる人がクラス c である確率は $p(c)$ である．そして，実際に人が撮影されて，そこから抽出された特徴ベクトル x が観測された時点では，そこに写っている人が c である確率は $p(c|x)$ となる．このように，x の観測の事前と事後とで確率が変化することから，$p(c)$ はクラス c の**事前確率**(prior probability)，$p(c|x)$ は**事後確率**(posterior probability)と呼ばれる．

事後確率 $p(c|x)$ をクラス c の識別関数 $g_c(x)$ とし，それを最大とする c を識別結果とする識別方式は**事後確率最大化識別**(maximum a posterior probability discrimination, MAP 識別)あるいは**ベイズ識別**(Bayes classifier)と呼ばれる．事後確率の計算式において，右辺の分母 $p(x) = \sum_c p(x|c)p(c)$ は c にはよらない．そこで，事後確率を c に関して最大にすることは，右辺の分子である $p(x,c) = p(x|c)p(c)$ を最大にすることと等価である．

事後確率最大化識別方式は，誤識別率を最小にする識別方式である．このときの誤識別率はベイズ誤り率(Bayes error rate あるいは Bayes rate)と呼ばれ，

$$R_{\text{Bayes}} = 1 - \sum_{x} p(x) \max_{c} p(c|x)$$

となる.これは x を特徴量とするパターン識別問題の 0/1 損失関数の下での理論的な性能限界であり,どのような識別方式も,これ以下の誤り率を達成することはできない.

こうして,事後確率を識別関数として用いるとよいことがわかったが,問題は,事後確率分布は未知だということである.そこで,学習データから $p(c)$ や $p(x|c)$ を推定することが必要になる.$p(c)$ は離散確率分布であるから,各クラスのデータの出現頻度から推定することができる.ただし,人工的に各クラス同じ数のデータを集めたような場合には,事前分布についての情報は得られないため,すべてのクラスについて等しく,$p(c) = 1/K$ とすることも多い.一方,$p(x|c)$ については,各クラスに属するデータから計算される特徴ベクトルの分布の様子によって,パラメトリックな分布族に属しているという仮定を置いたり,ノンパラメトリックな確率分布推定法を用いるなどして推定する.以下では代表的な分布推定手法と,その結果として得られる識別関数を紹介する.

3.4 多次元正規分布による推定

正規化や特徴抽出がうまく行われて,あるクラスからの特徴量が,クラスごとに局所的にまとまった分布になっていれば,その分布 $p(x|c)$ を多次元正規分布によってモデル化することは適切と考えられる.そこで,

$$p(x|c) = \frac{1}{(2\pi)^{M/2}|\Sigma_c|^{1/2}} \exp\left\{-\frac{1}{2}(x-\mu_c)^T \Sigma_c^{-1}(x-\mu_c)\right\}$$

であると仮定して,平均 μ_c と分散共分散行列 Σ_c を推定することがしばしば行われる.ここで M は特徴ベクトル x の次元であり,$|\Sigma_c|$,Σ_c^{-1} はそれぞれ Σ_c の行列式と逆行列を表す.

この場合には,

$$p(x|c)p(c)$$
$$= \frac{1}{(2\pi)^{M/2}|\Sigma_c|^{1/2}} \exp\left\{-\frac{1}{2}(x-\mu_c)^T \Sigma_c^{-1}(x-\mu_c)\right\} p(c)$$
$$= \exp\left\{-\frac{1}{2}(x-\mu_c)^T \Sigma_c^{-1}(x-\mu_c) - \frac{1}{2}\ln|\Sigma_c| + \ln p(c) - \frac{M}{2}\ln 2\pi\right\}$$

であるから，右辺からクラス c に依存する部分だけを取り出すと，ある x に対して

$$g_c(x) = \ln p(c) - \frac{1}{2}\{(x-\mu_c)^T \Sigma_c^{-1}(x-\mu_c) + \ln|\Sigma_c|\}$$

を計算し，これが最も大きくなるクラスを識別結果とすれば，事後確率最大化識別を実現できる．

各クラスの分散共分散行列 Σ_c がすべて等しい，すなわち $\Sigma_c = \Sigma$ を仮定すれば

$$g_c(x) = \ln p(c) - \frac{1}{2}\{(x-\mu_c)^T \Sigma^{-1}(x-\mu_c) + \ln|\Sigma|\}$$

となるが，ここからさらにクラス c に依存しない部分を除いて簡略化すると，

$$g_c(x) = \mu_c^T \Sigma^{-1} x - \frac{1}{2}\mu_c^T \Sigma^{-1}\mu_c + \ln p(c)$$

という，x に関して 1 次の式を計算し，これを最大にするクラスを識別結果とすればよいことがわかる．

さらに簡単な場合として，各クラスの事前分布と分散共分散行列が等しく，かつ，分散共分散行列が等方的，すなわち，$\Sigma_c = 2\sigma I$ であると仮定すると，$g_c(x)$ のクラスに依存する部分は

$$g_c(x) = -||x-\mu_c||^2$$

となり，これを最大にするクラスに識別するということは，ユークリッド距離によるテンプレートマッチング法と等価になる．つまり，テンプレートマッチング法は，各クラスの分散共分散行列が等しく，かつ，等方的である場合には，事後確率最大化識別，すなわち，誤識別率を最小にするような識別を与えている．逆にいえば，その仮定が成り立たない場合，たとえば，各クラスの分散共分散行列が等しくない場合には，テンプレートマッ

チング法ではうまくゆかない可能性が大きい．

事前分布は等しいが，クラスの分散共分散行列がクラスによって異なる場合には，

$$g_c(x) = -\frac{1}{2}\{(x-\mu_c)^T \Sigma_c^{-1}(x-\mu_c) + \ln|\Sigma_c|\}$$

を最大にする識別方式が導かれるが，ここで，$\ln|\Sigma_c|$ を無視すると，

$$d = (x-\mu_c)^T \Sigma_c^{-1}(x-\mu_c)$$

のように，クラスの分散共分散行列の逆行列で重みづけた距離で測った距離（の2乗）を最小にするクラスへと識別する方式が導かれる．これは，テンプレートマッチングの節で述べた，マハラノビス距離による識別である．

3.5 判別分析

各クラスの分布を多次元正規分布と仮定する識別手法は，**多変量解析**（multivariate analysis）における**判別分析**（discriminant analysis）とも密接に関係している．判別分析は，R. A. Fisher が 1936 年の論文においてクラス間の識別問題について考察したことに始まる．その後，クラス内分散とクラス間分散の比を評価尺度とするという Fisher のアイデアは，多変量解析の分野で，識別に適した次元圧縮法として発展した．パターン識別の分野でも，**線形判別法**（linear discriminant method）として活用されている．

判別分析は，特徴ベクトル x を線形の次元圧縮写像によって

$$y = Ax$$

のように変換し，識別に適した，低い次元の表現を得ることを目的としている．

データ全体から計算される分散共分散行列 Σ は，クラスごとの分散共分散行列 Σ_c（級内分散）とクラス間の分散共分散行列 Σ_b（級間分散）とに分解することができる．

$$\Sigma = \sum_{c=1}^{K} \frac{N_c}{N}\Sigma_c + \Sigma_b = \Sigma_w + \Sigma_b$$

ここで，

$$\Sigma = \frac{1}{N} \sum_{i=1}^{N} (x_i - \mu)(x_i - \mu)^T$$

$$\Sigma_c = \frac{1}{N_c} \sum_{i(c)=1}^{N_c} (x_i - \mu_c)(x_i - \mu_c)^T$$

$$\Sigma_b = \frac{1}{K} \sum_{c=1}^{K} (\mu_c - \mu)(\mu_c - \mu)^T$$

である．N_c はクラス c に属する学習データの数．このとき，変換行列 A を，**判別基準**(discriminant criterion)[*14]

$$J = \det(A^T \Sigma_b A) / \det(A^T \Sigma_w A)$$

を最大にするように選ぶのが判別分析である[*15]．

この問題は，行列 $\Sigma_b \Sigma_w^{-1}$ の固有ベクトルを求める問題に帰着される．この行列の正規化された固有ベクトルを固有値の大きい順に e_i とすると，e_i が判別空間の正規直交基底となり，A はそれを列ベクトルとして並べた行列となる．クラスの数を K とするとき，Σ_b のランクは $K-1$ であるから，得られる判別空間は最大 $K-1$ 次元である．

判別分析は直接的に識別規則を与えるわけではないが，分布の歪みを修正する効果が期待できるため，判別分析を行った後の空間で，パターンマッチングなどの簡単な識別を行えば，もとの空間で行うよりも計算量を減らしながら，識別誤り率を減らせる可能性がある．また，A を計算することにより，もとの特徴空間のそれぞれの特徴量が，次元圧縮された判別空間での特徴量にどれくらい寄与しているかが評価できるため，それに基づいて特徴量選択をすることも行われている．

3.6 ノンパラメトリックなクラス分布の推定

ノンパラメトリックな確率分布推定法の代表的なものの 1 つとして，核(カーネル)関数を用いた確率分布推定法がある．この方法では，ある

[*14] 2 クラスの場合にはフィッシャーの基準 Fisher's criterion とも呼ばれる．
[*15] これ以外にもいくつかの基準があるが，次元圧縮行列 A を求めるという観点からは等価である．

点 x での確率密度関数の値をデータ点を中心とする核関数の値の和によって求める．

たとえば，データ点 x_i を中心とする 1 辺が h の超立方体の中では値 1 をとり，その外では値 0 をとる関数は，原点を中心として，1 辺が 1 の超立方体の中では値 1 をとり，その外では値 0 をとる関数

$$K(x) = \begin{cases} 1 & \text{if } -0.5 < x \text{ のすべての成分} < 0.5 \\ 0 & \text{else} \end{cases}$$

を使って，$K\left(\dfrac{x - x_i}{h}\right)$ と書ける．これを用いて，クラス c に属する学習データを $x_1, \cdots, x_{N_c}$，$\sum_{c=1}^{K} N_c = N$ とするときに

$$p(x|c) = \frac{1}{N_c h^M} \sum_{i=1}^{N_c} K\left(\frac{x - x_i}{h}\right)$$

のように確率密度関数を推定する方法はパルツェン（Parzen）の方法，あるいはパルツェン窓（Parzen window）による方法と呼ばれる．

パルツェンの方法によって $p(x|c)$ を推定した結果を使って事後確率最大化識別を行うためには，$p(c)$ の推定値が N_c/N であることから，

$$p(x|c)p(c) = \frac{1}{Nh^M} \sum_{i=1}^{N_c} K\left(\frac{x - x_i}{h}\right)$$

を最大にするクラス c を選べばよい．すなわち，x を中心とする幅 h の超立方体の内部にあるデータの中で，最も数の多いクラスを選ぶことになる．

この方法は，2.3 節で述べた k-NN 法とよく似ている．わずかな違いは，パルツェンの方法から導かれる方法が x を中心とする超立方体の幅 h を決めて，その中に入るデータ点による多数決をとるのに対して，k-NN 法では，データ点が k 個になるまで近傍を広げてゆき，その範囲での多数決をとる，ということである．あらかじめ h を決めておいても，その中に学習データが入るとは限らないため，k-NN 法のほうが実用的である．

パルツェンの方法を少し変更し，x を中心として，k 個の学習データを含む超球を考えて，その内部では $p(x|c)$ の値が一定であると仮定すれば，超球の体積を V として，

$$p(x|c) \approx k_c / N_c V$$

となる．一方，$p(c) \approx N_c/N$ であるから，
$$p(x|c)p(c) \approx k_c/NV$$
となり，k-NN 法の k_c を最大にするクラスに識別することが，事後確率最大化識別と同じ意味をもつことになる．

こうした観点から，データ数が十分に大きいときに，k-NN 法が事後確率最大化識別にどのように収束してゆくかについては，さまざまな研究が行われている．たとえば，1-NN 法が事後確率最大化識別をどのくらいよく近似できるかについては，Cover らによる以下のような結果が知られている．

定理 ベイズ識別方式による最適な誤り率と 1-NN 法による誤り率をそれぞれ R_Bayes，$R_\text{1-NN}$ とするとき，学習データ数が大きな極限において，
$$R_\text{Bayes} \leq R_\text{1-NN} \leq \left(2 - \frac{K}{K-1}R_\text{Bayes}\right) R_\text{Bayes}$$
が成り立つ．

一方，上のような考察から，k-NN 法の問題点も見えてくる．k-NN 法がうまく働くか否かは，局所的なデータから $p(x|c)$ の値をどれだけ精度よく近似できるかに依存する．おおざっぱに言って，近似の良さは，データの密度に依存すると考えられる．ところが，仮に，N 個のデータが均一に分布しているとすると，x の次元を d とするときに，データの密度は $N^{1/d}$ となる．したがって，同じ程度のデータ密度を維持するために必要なデータの数は，d とともに指数的に増加してしまう．これは極端な場合であるが，こうしたことから，入力特徴量の次元が大きいときには，k-NN 法の性能を維持するためには，莫大な量の学習データが必要となると予想される．この問題は，一般に次元の呪い (curse of dimensionality) と呼ばれている問題の一種である．この問題については 6.4 節でもさらに述べるが，k-NN 法を用いる場合には，あらかじめ十分な特徴抽出，特徴選択を行って，特徴ベクトルの次元を小さくしておくことや，汎化能力の評価をしっかり行うことが重要とされている．

3.7 確率分布モデルとしての決定木やニューラルネットワーク

決定木を識別に用いる場合，木の終端である葉は特徴空間の部分領域に対応し，そこにはクラスラベルが対応づけられた．これに対して，葉に対応する特徴空間領域内で事後確率分布が一定であると仮定して，その値 $p(c|x)$ をその領域に属する学習データから求めれば，決定木は事後確率分布 $p(c|x)$ を表現しており，決定木による識別は，事後確率最大化識別を実現している，と考えることができる．この考え方によれば，決定木による識別も統計的決定理論の枠組みで扱うことが可能になる．

決定木と同じように，ニューラルネットワークもまた，確率分布を表現していると解釈することができる．あるニューラルネットワークを確率分布として解釈する方法はいろいろ考えられるが，1つの方法は，階層的なニューラルネットワークにおいて，出力層のクラス c に対応する細胞の出力が事後確率 $p(c|x)$ を x の関数として近似的に表していると見なすことである．

ニューラルネットワークによって識別関数を学習する場合，すでに述べたように，クラスの個数と同じ数の出力細胞を用意して，各クラスを $(0,\cdots,0,1,0,\cdots,0)$ のように表現し，正解出力に対する平均2乗誤差を最小にするように学習を行うことが普通であるが，もしも，各細胞の出力が事後確率 $p(c|x)$ になれば，そのとき，平均2乗誤差は最小になる．したがって，階層型のネットワークで，出力層の細胞を各クラスに対応づけ，入力 x を最大出力を出している細胞のクラスに識別することは，事後確率最大化識別を近似的に実行していることになっている．

しかし，すべての出力細胞の出力値の和は1になるとは限らないため，階層型ネットワークの出力値をそのまま事後確率と見なすことはあまり適切ではない．そこで，出力層の i 番目の細胞の出力を

$$y_i = \frac{\exp\left(\sum_j w_{ij}x_j - \theta\right)}{\sum_k \exp\left(\sum_j w_{kj}x_j - \theta\right)}$$

のように計算することも考えられている．ここで，x_j は，出力層の1つ前の層の j 番目の細胞の出力値である．この場合，誤差関数として，平均2乗誤差ではなく，カルバック情報量(6.2節を参照)にあたる量

$$E = -\sum_i \sum_k t_{ik} \ln\left(\frac{t_{ik}}{y_{ik}}\right)$$

を用いて，E を小さくするようなパラメタの値を求めることも行われる．ここで，y_{ik} と t_{ik} はそれぞれ，k 番目の学習データに対する i 番目の出力素子の出力および，教師信号(正解出力)である．

3.8 グラフィカルモデルとナイーブベイズ識別

これまでは，特徴ベクトル x の次元の間の関係はとくに問題にせず，単にひとまとめに多次元データとして扱ってきた．しかし，確率変数の間の確率的な依存関係を明示的に分析し，それらの間の独立性や条件付き独立性などの性質をうまく利用することによって，より対象に適した確率分布モデルを構築できる可能性がある．そうした変数間の依存関係は，変数をノードとし，関係をアークとするグラフによって記述できる．このような確率分布モデルは，パス解析，因果推論，共分散構造分析などのいろいろな統計解析の中で提案，研究されてきているが，近年，グラフィカルモデル(graphical models)と総称されて，研究が盛んになっている．

このような，変数間の依存関係構造をもつ多変数の同時確率分布を，効率よく表現したり，確率計算したりするためのモデルの1つに，ベイジアンネットワーク(Bayesian network: 確率ネットワーク(probability network)，信念ネットワーク(belief network)，因果ネットワーク(causal network)などとも呼ばれる)がある．

最も簡単な例として，3変数の確率分布 $p(A, B, C)$ を考える．この同時

確率分布は
$$p(A,B,C) = p(C|A,B)p(B|A)p(A)$$
のように分解できるが，ここでもしも，A と C が，B の値が固定されていることを条件として独立，すなわち $p(C|A,B) = p(C|B)$ であれば，同時確率分布の分解式は
$$p(A,B,C) = p(C|B)p(B|A)p(A)$$
のように簡単化される．

このような変数間の条件付き独立性は，図7のような有向グラフによって表現することができる．図7(a)は，上のような，A と C の条件付き独立性を表している．また，図7(b)は，A と B が独立，すなわち $p(B|A) = p(B)$ であり，同時確率分布が
$$p(A,B,C) = p(C|A,B)p(B)p(A)$$
のように分解できることを表している．右辺の個々の要素は各ノードに対応しており，各ノードの条件付き確率，あるいは，事前確率，と呼ばれる．たとえば，$p(C|A,B)$ はノード C の条件付き確率である．変数が有限個の離散値をとる場合には条件付き確率は表(テーブル)の形で保持されるため，CPT(conditional probability table)と呼ばれる．

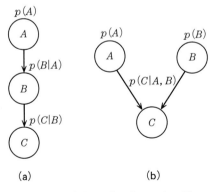

図7 ベイジアンネットワークの例

あるノードに対して，そのノードからのリンク(矢印)が届いているノードは，子ノード(child node)と呼ばれる．また，そのノードに対してリン

クを出しているノードは親ノード(parent node)と呼ばれる．図7(b)の例では，C は A の子ノードであり，A と B は C の親ノードである．親のないノードは根ノード(root node)，子のないノードは葉ノード(leaf node)と呼ばれる．

このように，ベイジアンネットワークは，変数間の条件付き独立性を，変数をノードとする**有向非循環グラフ**(directed acyclic graph: DAG, 有向非巡回グラフともいう)で表現するとともに，その性質を利用して，一部の変数が観測された場合の他の変数の条件付き確率の計算を効率的に行えるようにする仕組みである．

各ノードに，同時確率分布を分解したときの要素となる条件付き確率分布を対応づければ，ネットワーク全体で同時確率分布が表現される．一部の変数が観測されてその値が固定された場合の他の変数の事後確率＝**信頼度**(belief)は，同時確率分布から，信頼度の計算対象である変数(あるいは変数の組)と観測値が固定された変数を含む**周辺分布**(marginal distribution)を計算し(この計算は**周辺化**(marginalization)と呼ばれる)，正規化することによって求めることができる．

たとえば，図7(b)において，変数 A の値が観測されて $A = a$ と固定された場合の変数 C の確率分布は，

$$p(C|A=a) = \sum_B p(C|A=a, B)p(B)$$

のように計算される．

周辺分布に含まれない変数のすべての値の組み合わせに対して同時分布の和をとる計算を最も素朴に実行すると，変数の数の指数関数に比例する手間がかかってしまうが，同時確率分布が構造をもっている場合には，そのネットワーク構造を利用して，無駄な繰り返し計算を避けながら計算を効率的に実行することができる．この確率計算過程は，ネットワークのノード間で計算途中の値をやりとり(message passing)しながら進むことから，**確率伝播**(probability propagation)，あるいは**信念伝播**(belief propagation)と呼ばれる．以下では，非同期的に観測事象が追加されたり，変化したりする

場合の,信念伝播による各ノードの事後確率の更新法について述べる[*16].
簡単のために,変数はすべて有限個の離散値をとるとする.

ネットワークの1つのノードに注目し,その子ノードと親ノードだけを取り出すと,図8のようになる.注目しているノードの変数を X として,親ノードと子ノードの変数をそれぞれ $U_1, \cdots, U_n$, $V_1, \cdots, V_m$ とする.各ノードでは,ネットワークを決めたときに与えられる条件付き確率 $p(X|U_1,\cdots,U_n)$(X が根ノードである場合には,$p(X)$)に加えて,以下のようなデータを管理する.

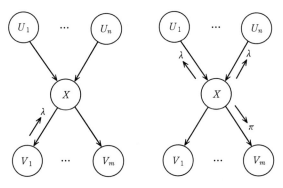

図 8 信念伝播の様子

- 現時点での事後確率 $q(X|e)$
- 上流からの情報によるエビデンス(π エビデンス) $\pi(X|e^+)$
- 下流からの情報によるエビデンス(λ エビデンス) $\lambda(X|e^-)$
- 上流ノードからのメッセージ(π メッセージ) $\pi_X(U_i|e^+)$
- 下流ノードからのメッセージ(λ メッセージ) $\lambda_{V_j}(X|e^-)$
- λ メッセージ,π メッセージの受信可否フラグ f_λ, f_π

$e = e^+ \cup e^-$ は現時点で固定されている(観測されている)変数の状態をまとめたものである.ただし,以下では簡単のために e は省略し,$q(X), \pi(X), \lambda(X)$,$\pi_X(U_i), \lambda_{V_j}(X)$ という記号を使う.π メッセージと λ メッセージは,親および子ノードごとに用意されることに注意.これらは,自分では更新せず

[*16] このアルゴリズムはいろいろな形で述べられているが,以下では,主に Duncan Gilles の記述に沿っている.

に読み取るだけであるため，隣接ノードからのメッセージの受信箱と考えるとわかりやすい．

π エビデンスは π メッセージと条件付き確率から以下のように計算される．

$$\pi(x) = \sum_{u_1,\cdots,u_n} p(x|u_1,\cdots,u_n)\prod_i \pi_X(u_i)$$

λ エビデンスは λ メッセージから以下のように計算される．

$$\lambda(x) = \prod_j \lambda_{V_j}(x)$$

事後確率は，λ エビデンスおよび π エビデンスから

$$q(x) = \alpha\lambda(x)\pi(x)$$

のように計算される．ただし，α は正規化定数で，$\dfrac{1}{\sum_x \lambda(x)\pi(x)}$ である．

子ノードへの π メッセージは，事後確率と λ メッセージとから以下のように計算される．

$$\pi_{V_j}(x) = q(x)/\lambda_{V_j}(x)$$

親ノードへの λ メッセージは，条件付き確率と λ エビデンスおよび π メッセージとから以下のように計算される．

$$\lambda_X(u_i) = \sum_{u_1,\cdots,u_n/u_i} \prod_{l \neq i} \pi_X(u_l) \sum_x p(x|u_1,\cdots,u_n)\lambda(x)$$

ここで，$\sum_{u_1,\cdots,u_n/u_i}$ は，$u_1,\cdots,u_n$ から u_i を除いた残りの変数の値の組み合わせすべてについての和をとることを意味する．

計算手続きに現れる変数間の依存関係を表1にまとめておく．

表1 信念伝播計算に使われる変数間の依存関係

変　数	計算に必要な変数
π エビデンス	π メッセージ（入力），条件付き確率
λ エビデンス	λ メッセージ（入力）
π メッセージ（出力）	事後確率，λ メッセージ（入力）
λ メッセージ（出力）	λ エビデンス，π メッセージ（入力），条件付き確率

実際に計算を行うときには，まず最初に，ネットワーク全体を以下のように初期化する．
(1) すべてのノードの λ エビデンスおよび λ メッセージの要素の値を 1 にする．
(2) すべてのノードの π メッセージの要素の値を 1 にする．
(3) すべての根ノードにおいて π エビデンスをそのノードの事前確率にする（$\pi(x) = p(x)$）．
(4) すべての根ノードから子ノードに π メッセージを送る．

あるノードが隣接ノードからメッセージを受信したときには，以下のような更新計算およびメッセージ計算を行って，受信したメッセージの送信元ノード以外で，メッセージ受信可能な隣接ノードにメッセージを送信する．すなわち，対象となる隣接ノードのメッセージ受信箱の内容を書き換える．

(1) **if** 親ノードから π メッセージを受信
   then π エビデンスを更新する
   if 子ノードから λ メッセージを受信
   then λ エビデンスを更新する
(2) 事後確率 q を更新する
(3) π メッセージを計算して子ノードへ送る．ただし，ノードの値がすでに固定されているときには π メッセージは送らない．
(4) λ メッセージ受信可能な親ノードへ λ メッセージを計算して送る．ただし，λ エビデンスがすべて 1（初期状態，あるいは子ノードがない葉ノードの場合）のときは λ メッセージは送らない．

図 8 には，λ メッセージが送られて来た場合のメッセージ伝播の様子を示した．

ノード X の値が観測されて x^* に固定されたときには，以下のような処理を行う．
(1) λ エビデンス $\lambda(x)$ の値を $\lambda(x^*)$ だけ 1 にして，あとはすべて 0 にする．
(2) 事後確率 $q(x)$ の値を更新する（$q(x^*)$ だけ 1 で，あとは 0 になる）．

(3) π メッセージ $\pi_{V_j}(x)$ の値を $\pi_{V_j}(x^*)$ だけ 1 であとはすべて 0 にして送る．
(4) λ メッセージの値を計算して送る．
(5) λ メッセージの受信可否フラグ f_λ を受信不可にする．
(6) 親ノードの数が 1 つ以下の場合には，π メッセージの受信可否フラグ f_π を受信不可にする．

アルゴリズムは少しややこしいが，重要なことは，エビデンスという正規化処理をしない量を使って，できるだけ同じ計算の重複を避けながら途中の計算を行うところにある．このアルゴリズムでは，ある変数の値の観測や観測値の変更が発生するたびに非同期にメッセージを伝播させて，すべてのノードの事後確率の更新計算を行うことができる．各ノードにメッセージを溜めておくキューをつけておき，1 つずつきちんと処理してゆけば，伝播するメッセージがなくなったときの計算結果は，メッセージの伝播順序にはよらない（ただし，計算途中で新しい観測結果が発生して条件が変わることはないとする）．

これに対して，より効率的に，たくさんの証拠をまとめて一括して処理し，事後確率を計算することもできる．たとえば，ネットワーク内の一番長い伝播経路を基準として，ノードを階層に分けて，一番上流の階層のノードから順に階層ごとに同期させながら π メッセージの伝播と処理を行う．π メッセージが一番下流の階層に届いてそこでの処理が終わったら，逆に，λ メッセージの伝播と処理を行えばよい．

どちらのアルゴリズムも，ネットワークが単結合 (singly connected) の場合，すなわち，任意の 2 つのノードの間をつなぐ経路が 1 通りしかない場合，には有限の手間で終了する．とくに，後者は，上流から下流への流れと，下流から上流への流れの 1 往復が終わったところで計算は終了となるため，ネットワークの中の最長経路の長さに比例する程度の計算量で計算が終了する．一方，単結合でない場合（複結合と呼ばれることがある）には，上記のアルゴリズムは収束しないためうまく働かない．この場合，確率値の計算問題は NP 完全な問題となることが知られているが，ネットワークの形によっては，変数を組み合わせたノードを作って単結合のネットワー

クに変換する,などの方法で実際的な時間で計算できることもある.また,モンテカルロ法や,簡単なグラフ構造の分布によって複雑な構造の分布を近似する方法など,さまざまな近似計算のためのアルゴリズムが提案されている.複結合のネットワークに対する信念伝播アルゴリズムは loopy belief propagation: loopy BP と呼ばれている.

パターン識別にベイジアンネットワークを用いる試みはいろいろあるが,その中でも最も簡単なものにナイーブベイズ識別(naïve Bayesian classifier, naïve Bayesian network とも呼ばれる)と呼ばれているモデルがある.このモデルでは,特徴ベクトルの各特徴量が,クラス c が決まっているという条件で独立であること,すなわち,特徴ベクトル x の要素を $x = (x_1, \cdots, x_M)$ とするとき,同時確率分布 $p(c, x)$ が,

$$p(c, x) = p(c) \prod_{i=1}^{M} p(x_i | c)$$

のように分解できる.図9(a)は,特徴ベクトル x のすべての要素をまとめて扱う通常の場合の x と c の関係を表したネットワークであり,図9(b)がナイーブベイズ識別に対応するネットワークである.

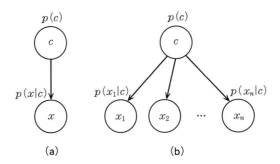

図 9　一般のパターン識別とナイーブベイズ識別

$p(x_i|c)$ および $p(c)$ を学習データから推定すれば,新しく観測されたデータ x に対する事後確率は

$$p(c|x) \propto p(c, x) = p(c) \prod_{i=1}^{M} p(x_i|c)$$

であることから,事後確率最大化識別は簡単に実行することができる.x_i

が離散値をとる変数の場合には，$p(x_i|c)$ はすべての場合をテーブルの形で保持すればよい．x_i が連続値変数の場合には，それぞれの $p(x_i|c)$ を正規分布としてモデル化することや，x_i を適切な方法で離散化することが行われる．さらに，一部の変数について条件付き独立性が成り立たない場合には，それらの共通要因となる隠れ変数を導入するなどの方法も考えられている．

後で述べる時系列データにおけるマルコフ性や隠れマルコフ性は，ある時刻の変数の値の分布が，1つ前の時刻の変数の値のみに依存し，それ以前の時刻の変数の値とは独立である，ということであり，条件付き独立性の典型的な例である．後の節で述べるマルコフモデル(Markov model)や隠れマルコフモデル(hidden Markov model)がさまざまな時系列データのモデルとして有効であるように，われわれの世界では，確率変数の間に条件付き独立性が成り立つことは多く，人間は一見複雑な問題を簡単化するために，その性質を上手に利用していると考えられる．そこで，ベイジアンネットワークのような変数間の構造的な依存性をグラフによって表す確率分布表現とそれを用いた確率的推論は，不確実な観測データや知識を扱うさまざまな分野で役立つことが期待されている．

データが多次元正規分布していることを前提とすれば，変数間の依存性は共分散行列の構造に反映される．その構造を利用する共分散構造分析(covariance structure analysis)では，因子分析やパス解析などを一般化したさまざまな依存関係が扱われている．また，マルコフランダム場(Markov random field)は，画像のモデルとしてよく取り上げられる．また，1.1節で，パターン認識過程と誤りのある通信路での符号の誤り訂正過程との類似性について述べたが，最近の誤り訂正符号の研究によれば，ベイジアンネットワークにおける確率推論と同じメカニズムによって高い性能をもつ誤り訂正符号の復号が行われることが知られている．さらに，物理学で発展した平均場近似の理論や変分近似の理論の応用など，さまざまな研究が行われている．

確率変数間の依存関係の表現と，依存関係のある確率変数の確率分布の表現とを分けると，ベイジアンネットワークのようなグラフィカルモデルは一種のメタモデルであると考えることもできる．すなわち，まずグラフ

によって表現される変数間の依存関係構造があり，次に，関係のある変数の同時確率分布や条件付き確率分布を表現する確率分布モデルがある，と考えられる．このように考えると，グラフィカルモデルが，複数の確率分布を組み合わせた確率分布モデルを柔軟に表現するための手段として重要であることが理解できるだろう．

3.9　パターン認識と統計的モデル選択

　識別関数を比較する場合に，学習データに対するクローズドな識別率を用いることは適切ではなく，評価のために，交差検定などの方法が用いられることはすでに述べた．ここでは，この問題について統計的決定理論に基づいた識別の観点から考えてみる．

　統計的決定理論によるパターン識別の定式化によれば，良い識別方式 Ψ とは，誤り率などの期待損失

$$R(\Psi) = \sum_x \sum_c Q(x, c, \Psi) p(x, c)$$

を最小にするものである．しかし，$p(x,c)$ が未知であるため，この値は直接評価できない．学習データとは別の評価データによる評価や，交差検定，ブートストラップ法などによる評価は，期待損失やそのサンプル分散を推定するための手段と考えることができる．

　一方，0/1 損失関数の場合には，事後確率最大化識別が期待損失最小化を達成することから，良い識別関数を求める問題を，事後確率分布の推定問題に帰着して解くことが考えられた．この観点に立てば，いろいろな識別方式の違いは，パターン生成過程の背後にある確率分布，とくに，クラス分布 $p(x|c)$ や事後確率分布 $p(c|x)$ をどのようにモデル化して推定するか，の違いと考えることができる．すなわち，いろいろな手法が提案されてきた背景には，現実の問題において特徴ベクトルの確率分布がさまざまなものになるという事実があり，具体的な1つの問題に対してどの手法が良い性能を示すかは，その問題における特徴ベクトルの確率分布が，それぞれの手法が前提としている確率分布モデルにどれだけよくフィットするかに

依存すると考えられる．

　複雑さの異なるさまざまなモデルの間で，どのモデルがデータに最もよくフィットしているかを評価する問題は，確率分布推定における**統計的モデル選択**(stochastic model selection)の問題として研究されてきた．モデル選択においては，経験尤度のような学習データに対する性能を尺度とすることはできないことが知られている．なぜならば，よりパラメータ数の多い確率分布モデルを用いることで学習データに対する経験尤度の値をより大きくすることができるが，そのことは，必ずしも，推定結果を使った予測の精度をあげることにはつながらないからである．とくに，学習データの数が少ない場合には，必要以上に複雑なモデルを用いると，**過学習**(overlearning, overfitting)が起こり，未知のデータに対する予測の精度は悪くなってゆくことがよく知られている．

　そこで，過学習を避けて，良い推定を与える確率分布モデルを得るためのモデル選択基準として，**AIC**(Akaike's information criterion)や**MDL**(minimum description length)あるいは，それと等価である**BIC**(Bayesian information criterion)などが提案され，その手軽さからよく利用されている．ごくおおざっぱにいえば，モデルの最大経験対数尤度を L_{emp}^* とし，モデルのパラメタ数を M，学習データ数を N とするとき，

$$AIC = -2L_{\mathrm{emp}}^* + 2M$$

$$MDL = -L_{\mathrm{emp}}^* + \frac{N}{2}\log_2 M$$

であり，いずれも，学習データに対する対数尤度の最大値をモデルのパラメタの数によって補正したものになる[*17]．

　複雑すぎる学習結果が得られないようにするために，モデルのパラメタ数で補正するのではなく，より直接的に，学習結果の複雑さによるペナルティをかけて，複雑な結果が得られにくくなるようにすることも考えられる．**不良設定**(ill-posed)な問題を**良設定**(well-posed)な問題に変える方法としてよく知られている**正則化**(regularization)はその一種であり，数学的に

[*17] ニューラルネットワークのような複雑な構造の確率分布モデルでは，その非正則性ゆえに，これらのモデル選択基準がそのままでは妥当しないことがあるために注意が必要である．

も深く研究されている．

確率分布推定の問題に正則化を適用する場合には，分布関数の形の複雑さを評価する何らかの汎関数 Ω を用意して，経験対数尤度を補正した $L_{\mathrm{emp}} + \nu\Omega$ を最大化する．Ω は正則化項(regularizer)と呼ばれる．また，ν は Ω による複雑さに関するペナルティの強さを調節するパラメタで，正則化パラメタ(regularization parameter)と呼ばれる．これは，モデルのパラメタ全体を制御するパラメタという意味で超パラメタ(hyper parameter)と呼ばれているものの一種である．パルツェン法における窓の幅 h もまた，正則化パラメタの一種と考えられる．すなわち，h が大きい場合，得られる確率分布はより滑らかなものになる．同じように，k-NN 法における k の値も一種の正則化パラメタと考えられる．正則化パラメタをどのように決めるべきかは，やはりモデル選択の問題である．

ベイズ統計の枠組みに基づくモデル選択手法(Bayesian model selection)も研究されている．ベイズ統計では，確率分布のパラメタも確率変数と考えて，パラメタの確率分布を求める．ここで，モデルもまた確率変数であると考えて，パターン生成過程を

(1) モデル $\mathcal{M}$ が $p(\mathcal{M})$ に従って選ばれる
(2) モデルのパラメタ θ_M が $p(\theta_M|\mathcal{M})$ に従って選ばれる
(3) クラス c が $p(c|\theta_M)$ に従って選ばれる
(4) パターン o が $p(o|c)$ に従って生成される

という階層的な確率的プロセスと考えることができる．

このとき，学習データセット D を観測した後のモデルの事後確率分布は，
$$p(\mathcal{M}|D) \propto p(D|\mathcal{M})p(\mathcal{M})$$
と書ける．ここで，
$$p(D|\mathcal{M}) = \sum_{\theta_M} p(D|\theta_M,\mathcal{M})p(\theta_M|\mathcal{M})$$
を，モデル $\mathcal{M}$ のエビデンス(evidence)と呼ぶことがある．これは，パラメタに対する尤度に対応するものである．通常，モデルに対する事前分布 $p(\mathcal{M})$ は均一と考えるため，ベイズモデル選択では，エビデンス $p(D|\mathcal{M})$ を何らかの方法で評価し，それを最大にするモデルを選択する．同じ考え

方で，正則化のパラメタ(超パラメタ)を最適化することも行われている．

さらに，ベイズ統計の枠組みによれば，モデルやパラメタを1つ「選択」するのではなく，さまざまなモデルやパラメタを混合して使うという可能性も生まれる．すなわち，モデル $\mathcal{M}$ を1つ選択し，パラメタ θ_M を1つ推定し，クラスの事後確率分布

$$p(c|x, \theta_M, \mathcal{M})$$

を用いて識別を行う代わりに，複数のモデルや識別器を $\mathcal{M}, \theta_M$ の事後分布で重みづけて混合した

$$g_c(x) = \sum_{\theta_M}\sum_{\mathcal{M}} p(c|x, \theta_M, \mathcal{M}) p(\theta_M|\mathcal{M}, D) p(\mathcal{M}|D)$$

を識別関数として識別を行うことも考えられる．この方法は，実際的な手法としては計算量などの点で問題があるが，理論的な最適性の解析などに適している．

4 クラスタリングとベクトル量子化

ここまでは，パターンを分類するためのクラスはすでに決まっていて，学習データとして特徴ベクトル x と正解ラベル c が組になったものが与えられる場合について述べてきた．しかし，問題によっては，パターンをどのようなクラスに分類するべきかもわからない場合がある．正解ラベルのついていない観測データを，その分布に従っていくつかのクラスタに分類することはクラスタリング(clusternig)と呼ばれる(クラスタ分析(cluster analysis)とも呼ばれる)．正解ラベル，すなわち教師信号，がないということから，**教師なしの学習**(unsupervised learning)，(教師なしの)**自己組織化**(self-organization)などとも呼ばれる．

クラスタリングと同様の処理を，「分類」という観点ではなく，信号空間の「量子化(quantization)」，すなわち，連続な空間の離散化という観点から行う場合，ベクトル量子化(vector quantization)と呼ばれる．ベクト

ル量子化では，クラスタリングと同様に，特徴ベクトルの空間をいくつかの領域に分割する．それぞれの領域を1つのベクトルで代表させる場合，代表ベクトルはその領域に属するデータを符号化するという意味で，符号語(code word)と呼ばれる．

　また，1次元の特徴量を，あるしきい値で2クラスに分類することは，信号と雑音を分離する処理や，情報圧縮のための処理などで実用上しばしば必要となる．この問題はクラスタリングの特殊な場合と考えることができる．たとえば，大津らの提案した判別基準をうまく利用した簡便で頑健なしきい値選定法はよく用いられている．また，Kittlerらは，2つのクラスが正規分布に従うという仮定の下で，最適なしきい値を導出している．

　この章では，代表的なクラスタリング手法の中から，ボトムアップクラスタリング法，K-平均法，およびニューラルネットワークの競合学習を紹介し，次に，確率分布モデルに基づく方法として，混合分布の推定による方法を紹介する．

　なお，クラスタリング手法には，個々のデータが特徴量のベクトル，すなわち，特徴空間の1点として表現されている場合と，個々のデータの間の類似度，あるいは距離が与えられている場合とがある．後者は，たとえば，データのペアごとに，被験者が類似度を評定するような場合である．前者の場合，特徴空間がユークリッド空間など計量をもつ普通の空間であれば，個々のデータの間の距離を計算することができる．一方，後者は，多次元尺度構成法などによって，類似度や距離を保存したままデータを多次元の空間に配置することができれば，前者に帰着されるが，そのような配置が得られないこともある．以下では，データが特徴空間の1点として表現されていることを前提とする．

4.1　ボトムアップとトップダウンのクラスタリング法

　古典的なクラスタリング手法でよく用いられているのが，ボトムアップクラスタリング法である．これは，N個のデータ点をすべて別のクラスとみなす状態から出発して，あらかじめ定義されたクラス間の距離に従って最も

近いものどうしを融合してゆき，最終的に k 個のクラスタを得るという方法である．最終的に得られる結果は，あるクラスの中に複数のサブクラスがあり，各サブクラスはまた，複数のサブクラスからなる，というように階層的な木構造を成すため，**階層的クラスタリング**（hierarchical clustering）とも呼ばれる．図 10 に，Fisher のアイリスデータ[*18]をボトムアップにクラスタリングした例を示す．この結果からも，全体が大きく 3 つの種に分かれ，そのうちの 2 つが近い，ということが見て取れる．

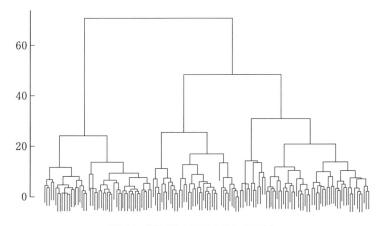

図 10 　階層的クラスタリングの例

融合する 2 つのクラスを選ぶためのクラス間の距離としては，クラスの平均ベクトル間のユークリッド距離

$$d(c_i, c_j) = ||\mu_i, \mu_j||$$

の他にも，

$$d(c_i, c_j) = \min_{x \in c_i,\, x' \in c_j} ||x - x'||$$
$$d(c_i, c_j) = \max_{x \in c_i,\, x' \in c_j} ||x - x'||$$

など，さまざまなものが用いられる．どれがよいかはデータの分布のしか

[*18] 　Fisher が 1936 年の論文で使用したデータで，3 種類のあやめの個体それぞれ 50 個あわせて 150 個について花弁と萼の長さと幅を計測したデータ．識別問題の古典的な例題としてよく使われる．

たに依存するため，実際的には，いろいろなものを試して，得られた結果が理解しやすいものを選ぶことが行われる．

ボトムアップクラスタリング法とは逆に，最初，N個の学習データをすべて同じ1つのクラスとする状態から始めて，クラスを分割してゆくことを繰り返して最終的に望ましいクラスタリング結果を得るのがトップダウンクラスタリング法である．これについても，次にどのクラスタをどのように分割すべきか，の選択基準としていろいろなヒューリスティクスが考案されている．

4.2 K-平均法

クラスタリングの古典的手法として最もよく知られているものの1つにK-平均法(K-means clustering method)がある．この方法は，クラスの数Kを既知として，以下のような繰り返し計算によって各クラスの平均ベクトル$\mu_1,\cdots,\mu_K$を求めるものである．

(1) 平均ベクトルの初期値を適当に選ぶ．最も単純には，学習データの中からランダムに選ぶ．

(2) 現在の平均ベクトルを用いて，N個のデータを，最も距離の近い平均ベクトルのクラスへとクラス分けする．

(3) 全データの分類が終わったら，改めて各クラスの平均ベクトルを計算しなおす．

(4) ステップ(2), (3)をすべての平均ベクトルが変化しなくなるまで繰り返す．

この過程によって，
$$R = \sum_{c=1}^{K} \sum_{x_i \in c} \|x_i - \mu_c\|^2$$
の値が単調に減少することが示せる．すなわち，この方法は，山登り法の一種であり，上記の基準に関して局所的な最適性を保証するが，大域的な最適性は保証されない．実際に，クラスタリングの結果は初期値に大きく依存するため，いくつかの異なる初期値から始めて，得られた結果のうち

で最も良いものを選ぶことが行われる．

4.3 競合学習による方法

入力層と出力層の2層のニューラルネットワークを用いた**競合学習**(competitive learning)は，K-平均法とよく似たアルゴリズムである．競合学習では，図11のような M 個の入力と K 個の出力ユニットをもつネットワークを用いる．M 次元の入力データ x は長さが1に正規化されていると仮定する．各ユニットの結合重みを w_c とする．入力 x が与えられたときに，$x \cdot w_c$ を計算して，最大の値をとるユニットの結合重みを x に少し近づけるように修正する．

$$w \leftarrow w + \eta x$$

これを繰り返すことによって，最終的に，w_c がクラスタの中心に近づいてゆく．

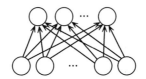

図 11　競合学習のためのネットワーク

このアルゴリズムは，入力データを受け取るとすぐにパラメタを修正するオンライン型のアルゴリズムであるが，これを修正量を貯めておき，すべて同時に用いてパラメタを修正するバッチ型にすると，$\eta = 1/N$ のときに K-平均法と等価になる．

4.4 混合分布による方法

正解クラスの情報が与えられずに，観測データ x だけが与えられている教師なしの学習は，正解クラス c を隠れ変数とする混合分布

$$p(x) = \sum_{c=1}^{K} p(x|c)p(c)$$

の推定と考えることができる．たとえば，$p(x|c)$ を多次元正規分布と仮定すれば，$p(x)$ は混合正規分布となる．このような隠れ変数を含む混合分布の推定の手法はいろいろあるが，代表的なものとして，**EM**（expectation-maximization）アルゴリズムがある．

EM アルゴリズムでは，観測されない隠れ変数を u とし，観測される変数を x として，x と u のパラメトリックな同時確率分布を $p(x,u;\theta)$ とするとき，適当に選んだパラメタの初期値 $\theta^{(0)}$ から始めて，E ステップ（expectation step），M ステップ（maximization step）と呼ばれる 2 つのステップを交互に繰り返すことによって，パラメタを逐次的に更新してゆく．

t 回の更新によって得られているパラメタを $\theta^{(t)}$ とするとき，E ステップでは，観測データ $x_1,\cdots,x_N$ に対する $p(x,u;\theta)$ の対数尤度 $\sum_{i=1}^{N} \log p(x_i,u;\theta)$ の u に関する期待値を計算する．このとき，u の分布としては，$p(x,u;\theta^{(t)})$ から求められる周辺分布を用いる．

$$Q(\theta|\theta^{(t)}) = \sum_u \sum_x p(x,u;\theta^{(t)}) \sum_{i=1}^{N} \log p(x_i,u;\theta)$$

そして，M ステップでは，$Q(\theta|\theta^{(t)})$ を最大にする θ を求めて，それを $\theta^{(t+1)}$ とする．

$$\theta^{(t+1)} = \arg\max_{\theta} Q(\theta|\theta^{(t)})$$

各クラス平均が μ_c，各クラスの事前分布が $p(c)=w_c$ であるような正規混合分布に対しては，

$$w_c^{(t+1)} = \frac{1}{N} \sum_{i=1}^{N} p(c|x_i;\theta^{(t)}) \tag{3}$$

$$\mu_c^{(t+1)} = \sum_{i=1}^{N} \frac{p(c|x_i;\theta^{(t)})}{\sum_{c=1}^{K} p(c|x_i;\theta^{(t)})} x_i \tag{4}$$

という更新式となる．ただし，各クラスの分散共分散行列は既知とする．これを見ると，各データ x_i の各クラスへの帰属度の推定値を

$$\frac{p(c|x_i;\theta^{(t)})}{\sum_{c=1}^{K} p(c|x_i;\theta^{(t)})}$$

として,この重みづけで,各クラスのパラメタを推定することを繰り返すことになっていることがわかる.

EM アルゴリズムの繰り返しステップごとに,$\theta^{(t)}$ の経験対数尤度が単調に増加することは証明されているが,尤度の極大値に収束する可能性がある.また,正規混合分布の場合に,分散共分散行列も含めて最尤推定を行うことには問題がある.1つの要素分布の平均を学習データの1つと一致させて,その分散の値を0に近づけることで,データに対する尤度を無限に大きくすることができるためである.

この方法が,K-平均法や競合学習と関係が深いことは直観的にわかるが,実際,要素となる正規分布すべての分散共分散行列が等しく単位行列 $\Sigma_c = I$ で,かつ,すべての混合重みが等しい場合の EM アルゴリズムは,K-平均法とほぼ同じ振る舞いをする.K-平均法においては,各繰り返しの中で,それぞれのデータをある1つのクラスに割り振っている.これに対して,EM アルゴリズムでは,各データが各クラスに属する程度を考慮して重みをつけて平均を計算することになっている.

したがって,K-平均法の1つのバリエーションとして,データから各クラスの平均ベクトルまでの距離から計算される関数を重みとして利用して,

$$\mu'_c = \sum_{i=1}^{N} \frac{1}{N} f(\|x_i - \mu_c\|^2) x_i$$

のように更新することが考えられる.f として正規分布を利用して

$$\mu'_c = \sum_{i=1}^{N} \frac{1}{N} \frac{\exp(-1/2\|x_i - \mu_c\|^2)}{\sum_{c=1}^{K} \exp(-1/2\|x_i - \mu_c\|^2)}$$

のように各クラス平均を更新すれば,ちょうど,要素となる正規分布すべての分散共分散行列が等しく単位行列 $\Sigma_c = I$ で,かつ,すべての混合重みが等しい場合の正規混合分布に対する EM アルゴリズムと等価になる.また,オンライン型の学習である競合学習をまねて,K-平均法や EM アルゴ

リズムをオンラインで実行することも考えられている．

4.5 クラスタリング結果の評価

あるデータに対して，いろいろなクラスタリング手法を適用すると，異なるクラスタリング結果が得られる．それぞれの結果を比較して良いものを選ぶためには，データの分割のしかたの良さを測る基準があればよい．

たとえば，2つのデータ間の距離が $d(x_i, x_j)$ で与えられているときに，同じクラスタに属するデータ間の距離だけをすべて足した値

$$R = \sum_{c=1}^{K} \sum_{x_i \in c} \sum_{x_j \in c} d(x_i, x_j)$$

が小さいほど，クラスタリング結果のまとまりが良いとすることができる．同様に，3.5節で述べた判別分析のための判別基準もまた，同じクラスタに属するデータができるだけまとまり，異なるクラスタの平均ベクトルどうしができるだけ離れているときに大きな値をとるため，クラスタリング結果の評価基準の1つとして使うことができる．

ベクトル量子化では，分割の良さの基準として，量子化による情報損失，すなわち，もとのデータを各分割領域の代表ベクトルで置き換えたことによる情報損失が用いられる．たとえば，各分割領域に含まれるデータをその領域内のデータの平均 μ_c によって置き換えることの損失を

$$R = \sum_{c=1}^{K} \sum_{x_i \in c} \|x_i - \mu_c\|^2$$

によって評価することが行われている．また，4.2節で述べたように，K-平均法はこの量を局所的に最小化していた．

より一般的には，分類の良さをどう評価するかは，「データがよくまとまっている」ということをどのように定量化するべきかにかかわっており，データの性質や分類の目的によって，いろいろな評価が考えられる．たとえば，細長かったり，曲がっていたりする領域であっても，その中全体にデータが密に存在し，かつ，その外側にはデータが疎にしか存在しないようならば，その領域全体を1つのクラスタとみなすほうが都合がよいこと

があるだろう．これは，識別に対する損失関数が，識別課題によっていろいろありえるのと同じことである．

　識別の場合と少し異なり，クラスタリングの場合には，期待損失にあたる量を評価することは少なく，与えられたデータに対するクラスタリング結果が良いものが選ばれることが多い．しかしながら，ベクトル量子化の場合のように，クラスタリング結果が1つの識別関数を与えていると解釈することもできる．その場合には，もとのデータと同じ確率分布から生成されるデータに対してクラスタリングを行ったときの期待損失（たとえば，上の R の値の期待値）を最小にする，という基準で，クラスタリング結果の良さを評価することも考えられるだろう．そのためには，交差検定などを用いることができる．

　また，クラスタリングにおける最適なクラスタ数の決定も重要な問題であり，いろいろな基準が考案されているが，異なるクラスタ数のクラスタリング結果を比較するときに，単純に上記の R のような値を使えば，より多くのクラスに分けるほうがよいという結果になってしまう．したがって，識別関数の場合と同様，期待損失にあたる量を評価する必要がある．たとえば，混合分布をベースとする方法に即して考えれば，クラスタ数の決定もまた統計的モデル選択の問題と考えられることがわかるだろう．したがって，AICやMDLなどの統計的モデル選択基準を適用することが考えられる．ただし，混合分布は，隠れ層のあるニューラルネットワークなどと同様に，正則なモデルではないため，モデル選択基準の適用には注意が必要である．

　分類・分割の良さの評価基準が与えられたとしても，データが N 個あり，クラスタの数が K であるとき，分類のしかたは K^N 通りあるため，そのすべてを尽くして最適な分類・分割を求めることは計算量が多すぎて現実的ではない．上の場合の数には，すぐ隣り合うようなデータが異なるクラスに分類されるようなケースも含まれるが，そのような分類が最適である可能性は少ないため，通常は，すべてを尽くして探索する必要もない．そこで，近似的な探索技法が用いられる．その多くは，K-平均法や，混合分布に対するEMアルゴリズムのように，何らかの評価基準に関して局所

な最適解を実現する山登り法になっている．したがって，初期値をいろいろ変えて，良い結果を選ぶなどの工夫が必要である．

5 時系列パターン情報の認識

　ここまでは，時間的な変化を考慮しないパターン認識について述べてきた．しかし，はじめにも述べたように，人間が扱っているパターン情報は，本来，時間とともに変化するマルチモーダルな時系列データである．人間と同じように実世界の情報を理解できるシステムを作るためには，時系列パターンを分節・分類・認識・理解する必要がある．この章では，そこで用いられている代表的な統計的時系列モデルを簡単に紹介し，高度な時系列パターン認識である音声認識において，そうした時系列モデルがどのように利用されているかを概説する．

5.1 時系列パターン情報のモデル

　時系列データのモデルには，微分方程式で記述される連続時間のモデルと，差分方程式で記述される離散時間のものがあるが，ここでは離散時間のモデルを考える．また，時刻 t の確率変数を X_t，その実現値を x_t と表すことにする．

　時間軸と空間軸との違いは，過去と未来があることである．すなわち，現在の時点において参照できる範囲が過去方向に限定される．そのためもあって，時間方向の依存関係の構造によって，時系列モデルを分類することが多い．

　最も簡単なモデルは，IID(independent and identical distributed)である．これは，データが，1つの固定された確率分布から各時刻ごとに独立にサンプルされている場合，すなわち，時間方向には依存関係がまったくない場合である．時間的変化を考慮しないパターン認識をここに含めることも

できる．このとき，T時刻分のデータ $(x_1,\cdots,x_T)$ の同時分布 $p(x_1,\cdots,x_T)$ は，

$$p(x_1,\cdots,x_T) = \prod_{t=1}^{T} p(x_t)$$

である．

次に簡単なモデルとしてマルコフモデル(マルコフ過程(Markov process)とも呼ばれる)がある．これは，ある時刻のデータの確率分布が，1時刻前のデータの値にのみ依存し，それ以前の値とは，1時刻前のデータの値が決まっているという条件の下で条件付き独立である，というものである．このとき，

$$p(x_t|x_{t-1},\cdots,x_1) = p(x_t|x_{t-1})$$

であるから，同時分布は

$$p(x_1,\cdots,x_T) = p(x_1)p(x_2|x_1)\cdot p(x_T|x_{T-1}) = \prod_{t=1}^{T} p(x_t|x_{t-1})$$

である．ただし，式を簡単化するために，x_0 をダミーの変数として $p(x_1|x_0)=p(x_1)$ としている．また，$p(x_t)$ と $p(x_{t-1})$ の間には

$$p(x_t) = \sum_{x_{t-1}} p(x_t|x_{t-1})p(x_{t-1})$$

という漸化式が成り立つ．さらに，すべての t に対して $p(x_t|x_{t-1})$ が同じ確率分布であるときに，マルコフ過程は**時間不変**(invariante)であるといい，$p(x_t|x_{t-1})$ は**状態遷移確率**(state transition probability)と呼ばれる．ある時刻のデータの確率分布が，1時刻前ではなく，k 時刻前までのデータの値にのみ依存する場合は k **重マルコフ**(k-th order Markov)モデルと呼ばれる．

マルコフ性は非常に強い条件であり，そこから多くの便利な性質が導かれる．マルコフ性を近似的に満たしている時系列データは多い．たとえば，連続値の時系列データ解析で非常によく用いられる**自己回帰モデル**(autoregression model)は，k 重のマルコフ性を仮定した時系列モデルの一種である．また，情報理論の始祖である Shannon は，英語の文章を k 重マルコフ過程として解析している．5.2 節で述べるように，最近の大語彙音声認識

で用いられている n-gram 言語モデルも単語列が $n-1$ 重マルコフ過程であるという仮定に基づくものである．

時系列データがマルコフ性を満たさない場合でも，観測不可能な**内部変数**(隠れ変数，hidden variable)の存在を仮定して，この内部変数がマルコフ性を満たすと仮定できることがある．このような場合を隠れマルコフモデルと呼ぶ．時刻 t の**内部状態**(internal state，隠れ状態 hidden state ともいう)を s_t で表すと，隠れマルコフモデルは，以下の要素によって定義される．

(1) 初期確率分布 $p(s_1)$
(2) 状態遷移確率分布 $p(s_t|s_{t-1})$
(3) 観測確率分布 $p(x_t|s_t)$

同時分布はこれらを使って

$$p(x_1,\cdots,x_T) = \sum_{s_1,\cdots,s_n} \prod_{t=1}^{T} p(x_t|s_t)p(s_t|s_{t-1})$$

と書ける．ただし，ここでも，s_0 をダミー変数として，初期分布 $p(s_1)$ を $p(s_1|s_0)$ と書いている．

上の同時確率分布 $p(x_1,\cdots,x_T)$ の式は，すべての可能な隠れ状態遷移 $s_1,\cdots,s_T$ に関する和を計算している．この計算を素朴に実行すると，計算量が系列長の指数オーダーになってしまう．しかしながら，一部が重複している状態遷移経路に対する計算を効率よくまとめて行うことによって計算の重複を避ければ，系列の長さに比例する計算量で済むことが知られている．そのためのアルゴリズムは，**前向きアルゴリズム**(forward algorithm)および**後ろ向きアルゴリズム**(backward algorithm)と呼ばれている．また，これらの計算法は，隠れ状態とその間の遷移関係によって作られるトレリス(格子)上を情報を伝播させながら進められるため，その計算のことをトレリス(trellis)計算と呼ぶこともある．トレリス計算は，基本的には，単結合のベイジアンネットに対する信念伝播と同じものである．一方，$x_1,\cdots,x_T$ が与えられたときに，最も尤もらしい隠れ状態の遷移系列 $s_1,\cdots,s_T$ を求めることも行われる．そのためのアルゴリズムはビタビアルゴリズム(Viterbi algorithm)と呼ばれる．

$p(x_1,\cdots,x_T|s_1,\cdots,s_T)$ の値が，これを最大にする状態遷移系列 $s_1,\cdots,s_T$ に対してだけ非常に大きく，他の遷移系列については小さいような場合には，トレリス計算の代わりに，より計算量の少ないビタビ計算によって $p(x_1,\cdots,x_T)$ を近似的に評価することができる．

多くの観測時系列データから隠れマルコフモデルのパラメタを推定するためには，隠れ状態を推定しながらパラメタ推定を行うことが必要である．そのためのアルゴリズムとして，Baum-Welch アルゴリズム（forward-backward アルゴリズムとも呼ばれる）が知られているが，このアルゴリズムは，隠れ変数がある場合に最尤推定を行う EM アルゴリズムの一種である．

確率変数間の依存関係をグラフ構造によって記述するベイジアンネットワークについてすでに述べたが，この考え方を時間的な依存関係も含め

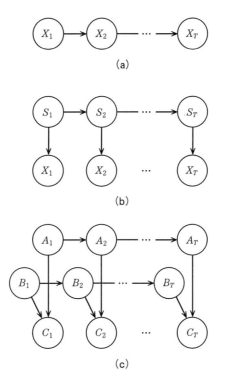

図 12 ダイナミックベイジアンネットワークの例

て自然に拡張したものがダイナミックベイジアンネットワーク(dynamic Bayesian network, DBN)である．DBN では，各時刻における変数間の確率的依存関係をグラフ構造で記述するとともに，時刻間の確率的依存関係をもグラフ構造によって記述する．DBN はマルコフモデルや隠れマルコフモデルを含む一般的なモデルであり，これを用いることで，汎用的な確率伝播アルゴリズムによって，複数の時系列間の依存関係を明示的に考慮しながら，時系列データの処理を進めることができる．図 12 に DBN の例を示した．(a), (b)は，それぞれ，マルコフモデル，隠れマルコフモデルを DBN の形に描いたもので，(c)がより一般の DBN の例である．隠れ変数を含む DBN の推定には，隠れマルコフモデル同様に EM アルゴリズムが用いられる．

5.2 音声認識

音声認識技術は，近年急速に発展し，静かな環境でアナウンサーが丁寧に話しているニュースの読み上げ音声などに対しては，高い精度での認識が可能になってきている．その技術は，大規模な確率統計的計算手法とヒューリスティクスに基づく近似計算のかたまりであり，実用規模で動いている時系列パターン認識システムとしては，最も複雑な確率分布モデルを用いているものの 1 つである．以下では，その中で，前節で述べたような時系列モデルがどのように利用されているかを，ごく簡単に見てゆく．

通常の音声認識システムでは，マイクロホンの出力波形から何らかの方法で発話音声の区間を切り出し，レベル調整やノイズ除去などの前処理をした後に，音声信号を短い区間(数ミリ秒から数十ミリ秒)ごとに区切って特徴抽出を行う．特徴量としては，音の高さなどには依存せずに，その時点での声道の形状や形状変化速度を捉えるものが用いられる．結果として数ミリ秒ごとに特徴ベクトル x_t が得られる．これを入力時系列パターンとしてパターン識別を行う．

出力クラスとしては，認識の目的に応じて，単語，文などさまざまな対象がとられる．時系列データ $x_1, \cdots, x_T$ とある出力クラス c に対する事後

確率 $p(c|x_1,\cdots,x_T)$ は c に属する時系列データの確率モデル $p(x_1,\cdots,x_T|c)$ および事前確率 $p(c)$ から，ベイズの公式によって計算することができる．$p(x_1,\cdots,x_T|c)$ をモデル化するためには，声道の状態を隠れ状態とする隠れマルコフモデルが有効であることが知られている．

たとえば，「はい」と「いいえ」という 2 種類の単語を識別する問題を考える．事前に集められたクラスごとの発声データを用いてそれぞれのクラスの隠れマルコフモデルを推定する．音声認識の場合，隠れ状態は，おおまかにいって発話中の声道の形状に対応し，時間とともに変化してゆくため，図 13 のような単純な状態遷移構造をもつモデルが有効である．

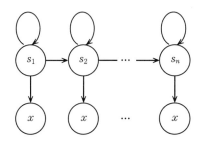

図 13 音声認識用隠れマルコフモデル

最適な隠れ状態の数は単語中の音韻の数などと関連するが，モデル選択基準によって最適な状態数を選ぶことが行われる．観測確率 $p(x|s_i)$ としては，正規分布や混合正規分布が用いられる．また，連続な特徴ベクトルをあらかじめクラスタリング（ベクトル量子化）して，有限個のクラスに分類しておき，観測確率分布を離散の確率分布とすることもある．特徴ベクトルを連続値のまま扱う場合を連続 HMM，ベクトル量子化して扱う場合を離散 HMM と呼ぶことがある．音声認識における隠れマルコフモデルの実験を簡単に行うためのツールキットとして，Hidden Markov Toolkit: HTK がよく知られている．

大語彙の連続音声認識では，出力クラスは入力音声に対応する文や文節の発音記号列である．したがって，出力クラスの総数は莫大になり，システムを実時間で動作させるためのさまざまな工夫が必要となる．まず，す

べての c に対して個別に $p(x_1,\cdots,x_T|c)$ を計算するための時系列モデルを作ることは現実的ではないし,多くの文は重複部分を含むという事実を利用していないため,効率的でもない.そこで,音声信号の構成要素である音素ごとのモデル(音素モデル,音韻モデル)を作成し,それをつなぎあわせて c のモデルとすることが行われる.

また,事前確率 $p(c)$ は言語モデルと呼ばれるが,これについても同様に,要素的な確率から構成する必要がある.こちらについては,c が単語の列 $w_1,\cdots,w_N$ であるときに,$p(w_1,\cdots,w_N)$ を,マルコフ性を仮定して近似することが行われる.たとえば,

$$p(w_1,\cdots,w_N) = \prod_{i=1}^{N} p(w_i|w_{i-1})$$

のように近似計算を行う場合,$p(w_i|w_{i-1})$ はバイグラム(bi-gram)と呼ばれる.より精密なモデルとして,2重マルコフ性を仮定し,トライグラム(tri-gram) $p(w_i|w_{i-1},w_{i-2})$ を使って計算をする場合もある.これらの要素確率は新聞記事などの大規模言語データ(コーパスと呼ばれる)から推定されるが,その推定においても,十分な学習データがない場合の扱いなど,多くの工夫が必要とされる.

このようにして,個々の c について $p(x_1,\cdots,x_T|c)$ や $p(c)$ が計算可能になっても,すべてのクラスに対して $p(c|x_1,\cdots,x_T)$ を求めて最大なものを選ぶことは現実的には不可能である.したがって,近似的に最適な c を求めるための探索手法と上記の確率計算を組み合わせて処理を進めることが行われる.

6 学習と統計科学

ここまでは,パターン認識における統計的手法について述べてきた.しかし,事例データから知識を獲得し,それを使って推論することは,パターン認識に限らない.たとえば,実験データの解析では,連続値をとる変数

間の関数関係を推定し，それを使って新たな実験の結果を予測する．その他にも，ゲームの戦略の学習，ことばの学習，行動パターンの学習など，いろいろな種類の学習において，事例データに基づく統計的な学習が重要な役割を果たしている．

この章では，まず，機械学習の研究について簡単に触れた後，いろいろな種類の統計的学習を統一的に扱うことのできる統計的学習理論(statistical learning theory)について述べる．それによって，3章で述べた統計的決定理論に基づいたパターン認識の定式化についても，さらに一般的な観点から考察することができるようになる．また，強化学習(reinforcement learning)の理論についてもごく簡単に触れる．

6.1 機械学習

多くの生物が日常的に「適応」や「学習」を行っている．あらかじめ固定された単純な環境であれば，そこで生存するために必要な振る舞いをプログラムしておくことができる．しかしながら，変化する複雑な環境では，あらかじめすべての場合を想定して行動プログラムを作成しておくことは現実的ではない．現場で情報を収集し，それにあわせて行動プログラムを作成，改変してゆく必要がある．そこで，多様な環境で生存する手段として，進化の過程で「学習」する能力が発明されたのだろう．

情報処理技術の研究課題を，大きく
- 扱う情報の大容量化，処理の高速化
- 扱う情報の多様化，複雑化

に分けてみたとき，「学習」という戦略はとくに後者において有効と考えられる．実際，パターン認識や人工知能といった，計算機をより知的に，人間に近く，人間と親和性の高いものにすることをめざした研究分野を中心として，人間をはじめとする生物の行っている学習を模倣して自ら賢くなる，学習する機械(learning machines)や学習システム(learning systems)の研究が行われてきた．また，未知の対象を制御するシステム制御の研究においても，適応制御(adaptive control)や学習制御の研究が行われてきている．

パターン認識の学習，ゲームの戦略の学習，プラント制御の学習，言語の文法の学習，ロボットの行動の学習，などいろいろな種類の学習課題を対象として，学習するシステムのアーキテクチャや学習アルゴリズムを研究する分野は**機械学習**(machine learning)[*19]と呼ばれている．

機械学習の研究には，実際の学習課題を解決するための実効的なアルゴリズムを考案して実験的に評価するような研究と，学習課題を抽象化して定式化し，それに対する理論的な解析を行う研究とがある．後者には，たとえば，**計算論的学習理論**(computational learning theory)と呼ばれる分野があり，いろいろな学習問題のむずかしさを，必要な計算量や記憶容量などの観点から評価したり，効率のよい学習アルゴリズムを考案する研究が行われている．また，統計力学の手法を使って学習システムの性能について理論的に考察する研究もある．Vapnikらが中心となって展開している統計的学習理論は，このような機械学習に関する理論的な研究の中でも，最も基本的で興味深いものの1つである．

6.2 統計的学習理論

期待損失

$$R(\Psi) = \sum_x \sum_c Q(x, c, \Psi) p(x, c)$$

をデータから最小化するという問題は，パターン認識に限らず，データからの関数関係の推定や確率分布推定，情報源の符号化，などの問題とも共通性がある．

たとえば，回帰分析のように，独立変数 x と従属変数 y の間の関数関係を推定して予測を行う問題では，$f(x, \theta)$ のようなパラメタを含む関数の集合を用いて，学習データ $\{(x_i, y_i)\}_{i=1}^N$ に対する平均2乗誤差 $\frac{1}{N}\sum_i (y_i - f(x_i, \theta))^2$ を最小化することが行われるが，この場合も，本来の目的は，パターン認

[*19] 「機械学習」を狭い意味で使う場合には，ゲームの学習や言語の文法の学習などの離散的で組み合わせ的な構造をもつ問題領域での学習アルゴリズムの研究を指すが，ここでは，広い意味で使う．

識と同様に，学習データに最も適合するモデルを求めることではなく，学習データには含まれない将来の入力 x に対して y を精度良く予測することである．このためには，損失関数を $Q(x,y,\theta) = (y - f(x,\theta))^2$ としたときの期待損失

$$R(\theta) = \int_x \int_y Q(x,y,\theta) p(x,y) dx dy$$

を最小化する問題を解くことになる．

パラメタ θ に従う分布族 $q(z,\theta)$ をモデルとして，未知の確率分布 $p(z)$ を推定する問題は，$p(z)$ と $q(z,\theta)$ の間の分布間距離である**カルバック情報量**(Kullback-Leibler information, **カルバックダイバージェンス**(Kullback-Leibler divergence)とも呼ばれる)

$$K(p||q) = \int p(z) \log \frac{p(z)}{q(z,\theta)} dz$$

を最小にする $q(z,\theta)$ を求める問題として定式化できる．ここで，損失関数 Q として，$Q(z,\theta) = -\log q(z,\theta)$ を用いて

$$R(\theta) = -\int p(z) \log q(z,\theta) dz$$

とすれば，$K(p||q) = \int p(z) \log p(z) dz + R(\theta)$ が成り立つため，カルバック情報量を最小化する確率分布推定は，$R(\theta)$ を期待損失とする期待損失最小化問題である．

同じように，$p(z)$ に従う定常無記憶な情報源から発生するデータを $q(z,\theta)$ というパラメトリックな復号情報源(parametric compound source)のモデルを使って符号化する問題では，上の $R(\theta)$ が平均符号語長に対応し，カルバック情報量 $K(p||q)$ は，理想的な($p(z)$ を知っている場合の)符号化の平均符号語長との差になる．

あらためて問題を定式化すると，次のようになる．

統計的学習の問題
- データ z を生成する未知の確率分布 $p(z)$ の集合 $\mathcal{P}$(真の分布の集合と呼ばれる)
- データ z に対処するための処理方式の集合 Λ(仮説の集合と呼ばれる)

● データ z を $\Psi \in \Lambda$ で処理したときの損失関数 $Q(z, \Psi)$ が与えられているとき, $p(z) \in \mathcal{P}$ からサンプルされた N 個の学習データ $D = \{z_1, \cdots, z_N\}$ を使って, 期待損失

$$R(\Psi) = \sum_z Q(z, \Psi) p(z)$$

をできるだけ小さくする処理方式 $\Psi \in \Lambda$ を求める.

パターン認識や関数関係推定の問題では, 処理の入力 x と出力 c あるいは y をまとめて z と考えればよい.

学習データ D から Ψ を求めるための汎用な手続きは学習アルゴリズムと呼ばれる. とくに, D の要素となる個々のデータ z_i が与えられるたびに, Ψ を修正してゆき, データの蓄積を必要としないような学習アルゴリズムは, オンライン学習アルゴリズムと呼ばれる. それに対して, N 個のデータを蓄積してから一括して利用して Ψ を探索するアルゴリズムはバッチ学習アルゴリズムと呼ばれる.

ある学習アルゴリズムの性能は, 一定の性能を達成するために必要とされる記憶領域, 計算時間, 学習データ数によって評価されるが[20], 統計的学習の場合には, とくに, データ数と期待損失との関係がよく研究されている. 真の分布 $p(z)$, 仮説の集合 Λ, 損失関数 Q が決められたときに, $p(z)$ からの学習データ D は確率的に得られるため, それを用いて, あるアルゴリズムで学習を行ったときの期待損失 $R(\Psi)$ も確率変数となる. 学習データの数が増えていったときに, $R(\Psi)$ の分布がどのような振る舞いを示すかを明らかにすることが統計的学習の理論の中心課題の1つである. $R(\Psi)$ の学習データの出方に関する平均をデータ数に対してプロットしたものは学習曲線(learning curve)と呼ばれる. オンライン学習の場合には, サンプルの出現順序に由来するランダムネスも加わるために, $R(\Psi)$ の分布はより複雑な振る舞いをする. また, 平均ではなく $R(\Psi)$ の信頼区間による評価も行われる. さらに, $\mathcal{P}$, Λ, Q が与えられたときに, その学習問題のむずかしさは, 最も良い学習アルゴリズムを用いたときの性能の上限

---

[20] この問題設定は, 計算論的学習理論の分野で PAC 学習(probably approximately correct learning)と呼ばれているものとも近い.

によって評価される．

パターン認識，関数推定，確率分布推定，適応的符号化，などさまざまな統計的学習の研究分野において，学習アルゴリズム，$\mathcal{P}$, Λ, Q をさまざまに制約した場合について，$R(\Psi)$ の分布がどのような性質を満たすかが考察されてきた．とくに，$\mathcal{P}$ がパラメトリックな分布族であるとし，Λ をパラメトリックな仮説集合として，対数損失などの特定の損失関数 Q を用いたときの，データ数 N が十分に大きい極限での漸近的な解析が多く行われた．たとえば，モデル選択のための基準として使われている AIC の導出は，そうした解析の 1 つの成果である．正解に十分近いところでの学習曲線の様子も詳しく解析されている．

こうした漸近的な解析によって，理想的な条件において学習手法がどのような振る舞いをするかを知ることができる．しかしながら，現実の問題においては，$p(z)$ がある集合に属することの保証は得られないことが多い．すなわち，$\mathcal{P}$ として，できるだけ広い集合をとることが望ましい．また，損失関数 Q は問題によっていろいろに変化する．そして，利用できる学習データ数 N があまり大きくないことも多い．統計的学習理論は，そのような場合にも適用できる．以下では，その成果の中の一部を紹介してゆく．

6.3 経験損失と期待損失

学習データに対する誤り率など，学習データ $D = \{z_1, \cdots, z_N\}$ に対する損失の平均値

$$R_{\mathrm{emp}}(\Psi) = \frac{1}{N} \sum_{i=1}^{N} Q(z_i, \Psi)$$

は**経験損失**（empirical risk）と呼ばれる．確率分布推定における経験対数尤度

$$L(\theta) = \frac{1}{N} \sum_{i=1}^{N} \log q(z_i, \theta)$$

もまた経験損失（の符号を変えたもの）の一種である．

経験損失は学習データから簡単に評価できるが，経験損失が小さいことは，必ずしも期待損失が小さいことを保証しない．それでは，ある具体的

な処理方式の経験損失を知ることで，期待損失の分布についてどのようなことが言えるのだろうか．

まず，準備として，$Q(z,\Psi), \Psi \in \Lambda$ の複雑さの指標を定義する．以下では，簡単のために 0/1 損失関数の場合を考える．0/1 損失の場合，Q の値は 0 か 1 であるから，ある学習データ $\{z_1,\cdots,z_N\}$ に対して，$Q(z_1,\Psi),\cdots,Q(z_N,\Psi)$ は，0 と 1 が N 個並んだ列によって表せる．値 0 をとっているデータに対しては，正しい識別が行われ，値 1 をとっているデータに対しては，誤った識別が行われたということである．識別方式 Ψ を $\Psi \in \Lambda$ の範囲で変化させると，この 0/1 のパターンはさまざまに変化する．このときに現れる，異なる 0/1 パターンの数を $S(z_1,\cdots,z_N)$ とする．この値は，最小で 1 (Ψ を変えても結果がまったく変わらない），最大で 2^N（すべての可能な場合を尽くすことができる）であるが，仮説の集合 Λ が狭い場合には，2^N 通りすべてを尽くせない可能性がある．

この数の自然対数を，学習データ $\{z_1,\cdots,z_N\}$ のサンプリングに関して平均した量

$$H(N) = E_{z_1,\cdots,z_N}\left[\ln S(z_1,\cdots,z_N)\right]$$

は，$Q(z,\Psi), \Psi \in \Lambda$ の VC エントロピーと呼ばれる．VC はこの概念の発明者である Vapnik-Chervonenkis の略である．平均操作と対数を入れ替えた量

$$H_{\mathrm{ann}}(N) = \ln E_{z_1,\cdots,z_N}\left[S(z_1,\cdots,z_N)\right]$$

は統計力学の用語を用いて Annealed VC エントロピーと呼ばれる．さらに，平均操作を $z_1,\cdots,z_N$ の出方に関する最大値に置き換えた量

$$G(N) = \ln \sup_{z_1,\cdots,z_N} S(z_1,\cdots,z_N)$$

は成長関数(growth function)と呼ばれる．

これらの量の間には，

$$0 \leq H(N) \leq H_{\mathrm{ann}}(N) \leq G(N) \leq N\ln 2$$

という不等式関係が成り立つ．また，H および H_{ann} は $p(z)$，すなわち，パターンの生成過程の確率分布に依存する量であるが，成長関数 G は $p(z)$ にはよらない．そして，成長関数には，以下のような大変重要な性質がある．

定理 $G(N)$ は，$N \ln 2$ であるか，そうでなければ，ある有限の値 h が存在して

$$G(N) \leq h \left(\ln \frac{N}{h} + 1 \right)$$

が成り立つ.

$G(N)$ が $N \ln 2$ であるとは，Ψ が Λ の中を動くときに $Q(z_1, \Psi), \cdots, Q(z_N, \Psi)$ が 2^N 通りすべての異なるパターンをとるということである. すなわち，Ψ の探索範囲 Λ が十分に広く，N 個の学習データをどのように分割することも可能な場合である. しかし，一般には，データ数 N が大きくなるにつれて，2^N 通りすべてのパターンを尽くすことができなくなる. 上の式における h は，$Q(z_1, \Psi), \cdots, Q(z_N, \Psi)$ が 2^N 通りの異なるパターンを尽くすことができる最大の N であり，この値は，$Q(z, \Psi)$, $\Psi \in \Lambda$ の **VC 次元**（Vapnik-Chervonenkis dimension）と呼ばれる.

例として 2 次元のデータを 2 クラスに識別する問題を考える. $\Psi \in \Lambda$ として線形の識別関数 $g(x) = a \cdot x + b$ をとる. すなわち，$g(x)$ の正負によって x をいずれかのクラスに分けるとする. これは，図 14 のように 2 次元平面の点の集合を直線によって 2 分割することにあたる. この場合，$N = 3$ までであれば，$Q(z_1, \Psi), \cdots, Q(z_N, \Psi)$ が 2^N 通りの値をとるような $z_1, \cdots, z_N$ の取り方が存在する. 3 点が一直線上に並ばないようにすれば，その 3 点にどのようなクラスラベルを振っても，すべて正しく識別する識別関数から，すべて誤る識別関数まで任意の正解パターンの識別関数を作ることができる. しかし，N が 4 以上になると，すべての場合を尽くすことはできなくなる. 一般に，M 次元の特徴ベクトルを線形の識別関数によって 2 ク

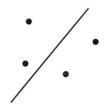

図 14　2 次元平面の点の識別問題の VC 次元

ラスに識別する問題に，0/1 損失関数を使った場合の VC 次元は，$M+1$ すなわち，識別関数のパラメタの個数である．ただし，一般には，VC 次元は必ずしもパラメタの個数と一致しない．

VC 次元が有限の場合には，経験頻度比の確率値への一様収束性に関する理論を使って，経験損失と期待損失との間に，以下の関係が成り立つことが示せる．

定理 損失関数 $Q(z, \Psi)$ が 1/0 の 2 値をとり，VC 次元が有限の h である場合には，以下の不等式が成り立つ．

$$P\left\{\sup_{\Psi \in \Lambda} |R(\Psi) - R_{\mathrm{emp}}(\Psi)| > \varepsilon\right\}$$
$$< 4 \exp\left\{-\varepsilon^2 N - 2\varepsilon N + h \ln\left(\frac{2N}{h}\right) + h + \frac{1}{N}\right\}$$

6.4 経験損失最小化

0/1 損失関数のパターン識別問題では，期待損失最小化問題を事後確率分布推定に帰着させて解くことができた．しかしながら，一般には，期待損失を最小化するために $p(z)$ を推定するのはまわり道である．問題は期待損失を小さくすることであり，真のデータ生成分布 $p(z)$ を知ることではない．ある環境でうまく生き抜くために，環境の仕組みをよく知ることは 1 つの戦略だが，複雑な環境においては，環境を知る手間は非常に大きくなるため，良い戦略ではなくなることがある．そのような場合には，試行錯誤をしながら環境への対処を学習してゆくことで，最適とはいえなくても，ある程度良い解を得るほうがよい．同じように，$p(z)$ を知ることなしに，候補となる処理の集合 Λ の中から，期待損失を小さくするものを選び出すことはできないだろうか．

そのための方法として，期待損失の代わりに学習データに対する経験損失

$$R_{\mathrm{emp}}(\Psi) = \frac{1}{N}\sum_{i=1}^{N} Q(z_i, \Psi)$$

を最小化することが考えられる．通常，$\Psi \in \Lambda$ と学習データが与えられれば，経験損失は簡単に計算することができるため，この方法は実用的な方法として多くの問題で使われている．たとえば，分布推定における最尤推定は，経験損失最小化の一例である．これはとても自然な考え方であるが，一般的に言って，どのくらい良い方法なのだろうか．

経験損失最小化によって得られる解を $\hat{\Psi}$ とし，期待損失を最小化する解を Ψ^* とするとき，興味深い問題の 1 つは，
$$\Delta = R(\hat{\Psi}) - R(\Psi^*)$$
がどのように分布するかである．

VC 次元に関する理論によれば，任意の $p(z)$（ただし平均などは計算できるとする）に対して，確率 $1 - \eta$ で，

$$R(\hat{\Psi}) \leq R_{\mathrm{emp}}(\hat{\Psi}) + 2\varepsilon(N)\left(1 + \sqrt{1 + \frac{R_{\mathrm{emp}}(\hat{\Psi})}{\varepsilon(N)}}\right)$$

が成り立つことが示せる．ここで $\varepsilon(N)$ は，

$$\varepsilon(N) = \frac{1}{N}\left\{h\left(1 + \ln\frac{2N}{h}\right) - \ln\frac{\eta}{4}\right\}$$

であり，h は，$Q(z, \Psi), \Psi \in \Lambda$ の VC 次元である．

一方，ベルヌイ（Bernuoulli）試行についてのチャーノフ（Chernoff）の不等式から確率 $1 - \eta$ で不等式

$$R(\Psi^*) \geq R_{\mathrm{emp}}(\Psi^*) - \sqrt{\frac{-\ln \eta}{2N}}$$

が成り立つことが示せる．そして，
$$R_{\mathrm{emp}}(\Psi^*) \geq R_{\mathrm{emp}}(\hat{\Psi})$$
であるから，確率 $1 - \eta$ で

$$R(\Psi^*) \geq R_{\mathrm{emp}}(\hat{\Psi}) - \sqrt{\frac{-\ln \eta}{2N}}$$

が成り立つ．これらから，$\Delta = R(\hat{\Psi}) - R(\Psi^*)$ の分布に関する以下の定理を導くことができる．

定理 確率 $1 - 2\eta$ で，

$$\Delta \leq \sqrt{\frac{-\ln \eta}{2N}} + 2\varepsilon(N)\left(1 + \sqrt{1 + \frac{R_{\mathrm{emp}}(\hat{\Psi})}{\varepsilon(N)}}\right)$$

が成り立つ．

　さらに，VC 次元が有限の値であることは，経験損失最小化によって得られる解 $\hat{\Psi}$ が，学習データ数が大きくなっていったときに，最適な期待損失を与える解 Ψ^* に高速に収束してゆくための必要十分条件であることも示すことができる．

　上の定理は，VC 次元 h が有限の問題に対しては，学習データ数 N による Δ の確率的な上限が与えられ，経験損失最小化による解に対する性能保証が得られることを示している．η が小さいほど Δ が保証範囲に入る確率は高くなる．また，$\varepsilon(N)$ が小さいほど，Δ の保証範囲は小さくなる．このとき，η を小さくしたり $\varepsilon(N)$ を小さくしたりするために必要となる学習データの数 N が，これらの変数に関して指数関数的に増えないということが重要である．これに対して，VC 次元が有限でない場合には，このような性能保証をすることができない．

　すでに示したように，誤り率を損失として最適な線形識別関数を求める問題は，VC 次元が有限な場合の例である．これに対して，ノンパラメトリックな方法による識別関数を用いる問題は，VC 次元が有限ではない．たとえば 1-NN 法は，どのような学習データに対しても誤り率 0 の識別を行うことができる．このことは，入力ベクトル x の次元が大きくなったときの 2 つの方法の汎化能力に大きな差をもたらす．すなわち，線形識別関数を用いていれば，入力次元が大きくなっても経験損失と期待損失の差の分布の広がりは急激には大きくはならないが，1-NN 法の場合には，急激に大きくなってしまう．このように，上の定理は，次元の呪いが起こらないための 1 つの十分条件を与えている．

　このことは，逆に，入力特徴ベクトル次元にかかわらず，VC 次元を低く保つことができるように識別関数の探索範囲 Λ を設計できれば，入力次元数にはあまりよらずに高い汎化能力を維持することができる可能性があるということを示唆している．そのための方法の 1 つは，すでに述べた正

則化であるが，サポートベクトルマシン（support vector machine）もまた，この考え方に基づいている（本書第II部を参照）．

6.5 構造的損失最小化

VC 次元に基づく評価によれば，h/N が小さいとき，すなわち，学習問題の VC 次元の値と比較して学習データ数が十分に多いときには，経験損失値は期待損失値の差は小さいため，経験損失最小化によって期待損失も小さな学習結果が得られる確率が高い．しかしながら，h/N が大きいとき，すなわち，学習データ数に比べて学習問題の VC 次元が大きいときには，経験損失最小化によって期待損失の小さな結果が得られる可能性は少なくなる．したがって，期待損失の小さな学習結果を得るためには，利用可能な学習データ数に応じて，対象とする問題の VC 次元を制御しながら，問題を解く必要がある．

それを体系的に行うための 1 つの方法としては，以下のようなものが考えられる．まず，$Q(z, \Psi), \Psi \in \Lambda$ の集合 S として

$$S_1 \subset S_2 \subset \cdots \subset S_n \subset \cdots$$

という入れ子になった系列を用意する．それぞれの S_i の VC 次元が有限の値 h_i であるとすると，

$$h_1 \leq h_2 \leq \cdots \leq h_n \leq \cdots$$

が成り立つ．

S_k の範囲で，経験損失を最小にする Ψ を探索し，それを $\hat{\Psi}_k$ とする．$\hat{\Psi}_k$ に対する 6.4 節で導入した期待損失の確率的な上限

$$R_{\mathrm{emp}}(\hat{\Psi}_k) + 2\varepsilon(N)\left(1 + \sqrt{1 + \frac{R_{\mathrm{emp}}(\hat{\Psi}_k)}{\varepsilon(N)}}\right)$$

は 2 つの項から成る．第 1 項である経験損失の最小値は k が大きくなるほど小さくなる．しかし，第 2 項は，k が大きくなるほど h_k が大きくなるため，増加してゆく．したがって，上限全体を最小にする k^* が存在し，Ψ_{k^*} を学習結果とすることができる．このような，VC 次元による期待損失の上限の

評価を用いて期待損失最小化を解く方法は，**構造的損失最小化**(structural risk minimization)と呼ばれている．

AICやMDLによるモデル選択についてはすでに簡単に述べたが，VC次元の概念を用いることの利点の1つは，より広い範囲の問題に対して，損失関数も含めた形での最適化ができることであろう．AICは期待対数尤度の推定を基盤としているし，MDLは符号長という損失関数を基盤としている．これに対して，VC次元の評価には，損失関数の形も含まれている．

6.6 真の分布とヒューリスティクス

伝統的な統計的推定では，データを生成している分布の真のパラメタをできるだけ正確に推定することが目的であった．これに対して，パターン認識や統計的学習では，期待損失の意味で性能の良い結果を得ること，が最終的な目的となっている．そして，すでに述べたように，期待損失を最小化するためには，一般的にはデータの確率分布 $p(z)$ を推定する必要はない．統計的学習を行う目的は，たとえば性能の良いパターン識別器を得ることであり，真のデータ生成分布 $p(z)$ を知ることではない．たとえば，構造的損失最小化は，$p(z)$ の推定を経由せずに，かつ，$p(z)$ がどのような分布かをほとんど気にすることなしに，期待損失の小さな学習結果を高い確率で得るための1つの方法を与えている．

この点を理解することは，統計的学習のための学習アルゴリズムを考える際に，より大きな自由度をもたらす．たとえば，アルゴリズムを導出するために，データがある確率分布モデル $p(z,\theta)$ から生成される，と仮定するときに，その仮定が成り立っているかどうかを気にする必要がなくなる．その仮定が適切かどうかは，期待損失がより小さい学習結果が得られるかどうかによって評価される．もちろん，$p(z,\theta)$ が真のデータ生成分布を含めば，良い性能が得られる可能性は高い．しかしながら，学習データ数が小さい場合などには，データ数にあわせて適切に制約された分布集合を仮定するほうが良い結果が得られることもある．

データを収集し，それに基づいて学習結果を得るまでの過程では，学習

対象に関するさまざまな仮定や，探索範囲を制限するためのさまざまな制約が導入される．収集したデータが IID であることも 1 つの仮定である．また，データの生成分布がある分布集合に属すことが仮定されたり，何らかの仮定に基づいてデータの重要度を評価して重みをつけたり，学習結果である識別関数の形状や性質に制限を加えたりすることも行われる．それらは，確実な事前知識であるよりは，対象としている問題に対する見方にバイアスをかけるヒューリスティクス（常にうまくゆく保証はないが，多くの場合にうまくゆくことが知られている手法や知識）であることが多い．すべての学習対象に対して適切なバイアスは存在しないが，もしもそれが学習対象に対して適切であれば，少ない学習データからでも大変良い学習結果が得られることがある．統計的学習の理論は，有効なヒューリスティクスを発明するとともに，そのヒューリスティクスを利用して確率的な命題を正しく推論するための方法を探求している．どのヒューリスティクスがうまく働くかをあらかじめ保証することはできないが，いろいろなヒューリスティクスが発明され，試されて，使えないものは淘汰されてゆき，ある分野で有効なヒューリスティクスが残ってゆく．安定したヒューリスティクスが得にくい分野では，複数のヒューリスティクスを用意しておいて，個別の問題ごとにそれを選択することも重要になる．そのために発明されたさまざまなモデル選択基準もまた，何らかの前提，すなわちヒューリスティクスと無縁ではありえないが，モデル選択を行うためのヒューリスティクスは，選択対象のヒューリスティクスよりも妥当範囲の広いもの，つまり，制約力の弱いものになっているのが普通である．モデル選択を行うことは，ひとつのモデルという強いヒューリスティクスが安定して適用できない状況で弱いヒューリスティクスをできるだけ活用するための手段といえるのかもしれない．

　このような観点からすると，Vapnik らの理論は，非常に弱いヒューリスティクスの利用を提案している点，すなわち，統計的学習の広い範囲の問題に対して，真の分布 $p(z)$ に対する仮定なしに，いろいろな損失関数も考慮に入れた形で，データ数 N が有限の小さな値の場合でも成り立つ期待損失の評価法を与えているという点で大変興味深い．とくに，真の分布 $p(z)$

に対する仮定をほとんど置かない点は，多くの漸近的な理論や，ベイズ統計的な理論と対照的であり，「真の分布 $p(z)$ がある分布族に属する」というような仮定が成り立つかどうかがわからない，という問題へのひとつの解答を与えている．しかしながら，その結果として，VC 次元による評価は，$p(z)$ および学習データの出方に関する最悪評価になっている．そのため，得られる上界は，問題によってはかなり緩いものになる．また，複雑なモデルを用いた場合には，VC 次元の評価自体が簡単ではない．

これに対して，現実の問題に現れる $p(z)$ は，そんなに筋が悪くはないだろう，という楽観的な考え方もある．たとえば，パターン識別においても，前処理や特徴抽出がある程度適切に行われていれば，$p(z)$ の分布はそれほどたちの悪いものにならないはずである．そして，漸近的な理論から導かれる方法やベイズ的な方法が，その仮定の妥当性が検証できないような場合でも往々にして実際的にはうまく働く[*21]という事実は，このような楽観的な考え方を支持しているのかもしれない．

6.7　強化学習の理論

ここまでで述べた統計的な学習の枠組みは，パターン認識や関数推定，符号化などを含む幅広い問題を一般的に扱えるものだが，動物や人間が行っている学習の多様さから考えれば，最も簡単な場合を扱っているに過ぎない．たとえば，ここまでの枠組みでは，$p(z)$ は単純な IID の情報源と仮定されていたが，時系列パターンの認識では，マルコフ的な情報源や隠れマルコフ的な情報源から生成されるデータが対象とされていた．また，学習システムは，$p(z)$ に従うデータを認識したり，そのデータに基づいて予測をしたりするだけで，その処理結果が $p(z)$ 自体に影響を与えることはなかったが，学習システムの行動によってその状態が変化してゆくことも考えられる．このように，統計的学習理論は，まだまださまざまな形で発展してゆく可能性がある．以下では，その１つの方向として，**強化学習**(reinforcement

---

[*21] 近年，パターン認識，時系列予測，データマイニング，などの分野で課題を決めたコンペティションがしばしば行われているが，ベイズ的な方法は優れた成績を残すことが多い．

learning)に関する統計的理論を簡単に紹介する．

ねずみが迷路を抜ける方法を学習することを考えてみよう．ねずみはある決められた地点からスタートし，分岐点に出会うたびに，右か左かを選択する．迷路を抜けられれば餌が与えられ，行き止まりに入ってしまった場合には罰が与えられる．トライアルを何度も繰り返すと，ねずみは学習をする．すなわち，迷路を抜けて餌を取る確率が上がってゆく．このような，試行錯誤を通じて一連の手順を発見・獲得してゆく学習は，強化学習と呼ばれている．

強化学習の過程を理論的に定式化する方法はいろいろあるが，その中の1つは以下のようなものである．まず，環境は有限個の状態の集合 S から成るとする．学習者は有限種類の行動の集合 A の中から1つを選択して実行し，その結果として次の状態に遷移する．上の迷路の例では，S は分岐点および終端点（出口あるいは行き止まり）の集合であり，A は右に行くか左に行くか，という2つの行動の集合である．

学習者が $s \in S$ に居るときに，行動 $a \in A$ を実行すると，報酬 $r = r(s,a)$ を受け取り，状態 $s' = \delta(s,a)$ へと遷移する．迷路の例では，δ はある分岐点で右あるいは左を選んだときに次の分岐点を与える状態遷移関数である．報酬はゴールに到達したときにのみ与えられ，それ以外の状態では 0 である．このような状態集合 S，行動集合 A，状態遷移関数 δ，報酬関数 r から成るモデルはマルコフ決定過程（Markov decision process: MDP）と呼ばれる．

上のように，δ や r が値を一意にもつ関数の場合は決定的（deterministic）であるといわれる．そうではなく，状態遷移や報酬の値が確率的に決まる場合，すなわち，$\delta(s,a)$ が状態空間 S 上の確率分布であり，$r(s,a)$ が報酬値の空間上の確率分布であるような場合は，非決定的（non-deterministic）といわれる．以下では，非決定的な場合について考え，s にて a を実行したときに s' に遷移する確率を $p(s'|s,a)$ と書き，報酬 r を受け取る確率を $p(r|s,a)$ と書くことにする．ある状態でどの行動を選ぶかを決める関数 $\pi : s \to a$ は，（行動）戦略（policy）と呼ばれる．図15に非決定的なマルコフ決定過程をダイナミックベイジアンネットワークの形に書いたものを示す．実線の

矢印は確率的な依存関係を，点線の矢印は戦略を表している．

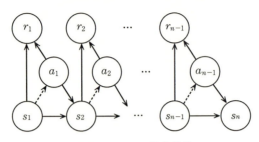

図 15　マルコフ決定過程

　ある戦略の良さは，その戦略に従って行動したときに得られる報酬の総和の期待値によって評価することができる．ただし，報酬が早く得られるほうが良いので，一定の割引率(discount factor) γ で時間的に遠い未来の報酬を割り引くことが行われる．

　MDP のマルコフ性から，ある時刻 t に状態 s にあるとき，そこから先の将来に受け取る累積報酬の期待値は，過去には依存せずに，

$$V^\pi(s) = E\left[\sum_{i=0}^{\infty} \gamma^i r_{t+i}\right]$$

となる．$E[\ ]$ は可能な状態遷移経路全体についての期待値である．この $V^\pi(s)$ は，戦略 π の下で，状態 s にいることがどのくらい良いことかを表している．これは，戦略 π の下での状態の**価値関数**(value function)と呼ばれる．この $V^\pi(s)$ をすべての s について最大にするような戦略 π は，**最適戦略**(optimal policy)と呼ばれる．最適戦略を π^*，そのときの価値関数を V^* と書く．

　環境の状態遷移確率や報酬確率について何も知らない学習者が，経験に基づいて最適戦略を学習的に獲得するにはどうすればよいだろうか？

　V^* を用いて，下記のような関数 $Q(s,a)$ を定義する．

$$Q(s,a) = \sum_r r p(r|s,a) + \gamma \sum_{s'} p(s'|s,a) V^*(s')$$

この関数は，最適な戦略の下で，状態 s で行動 a を実行したときの将来の累積報酬の期待値であり，**Q 関数**(Q-function)と呼ばれる．もしも，すべ

ての s と a について $Q(s,a)$ を知っていれば，各 s で $Q(s,a)$ を最大にする a を選択することが最適である．したがって，学習者は，経験に基づいて $Q(s,a)$ を推定すればよい．

Q は以下のような漸化式を満たす．

$$Q(s,a) = \sum_r rp(r|s,a) + \gamma \sum_{s'} p(s'|s,a) \max_{a'} Q(s',a')$$

推定値 $\hat{Q}(s,a)$ をこの関係式をより良く満たす方向に更新してゆく，という考え方から，以下のような学習アルゴリズムが得られる．

(1) $\hat{Q}(s,a)$ の初期値をすべて 0 とする．
(2) $e(s,a)$ の初期値をすべて 0 とする．
(3) 現在の状態を s とし，ランダムに a を選択して実行する．その結果として，報酬 r を受け取って，状態 s' に遷移したとするとき，以下のように $e(s,a)$ と $\hat{Q}(s,a)$ を更新する．

$$e(s,a) \leftarrow e(s,a) + 1$$
$$\hat{Q}(s,a) \leftarrow \frac{e(s,a)}{1+e(s,a)}\hat{Q}(s,a) + \frac{1}{1+e(s,a)}(r + \gamma \max_{a'} \hat{Q}(s',a'))$$

(4) (3) を繰り返す．

$e(s,a)$ は，学習の過程で，学習者が状態 s で行動 a を行った回数の累積値となる．このアルゴリズムは **Q 学習**(Q-learning)と呼ばれるものの一種であり，以下のような収束定理が成り立つことが知られている．

定理 報酬 r の値が有界で，割引率 γ が $0 \leq \gamma < 1$ とする．学習過程中にすべての (s,a) を無限回実行するとすれば，学習過程のステップ数が無限大に近づく極限において，すべての s,a について $\hat{Q}(s,a)$ の値は $Q(s,a)$ の値に確率 1 で収束する．

これは基本的な収束定理であるが，収束速度についての研究も進められている．また，ここで述べた強化学習の枠組み以外にも，さまざまな学習の設定が考えられる．たとえば，学習者が現在自分がどのような状態にあるかがわからず，その状態に依存して確率的に決まる観測値だけが与えられるような場合は，**部分観測マルコフ決定過程**(partially observable Markov decision process, POMDP)と呼ばれる．連続値の時系列処理モデルとして

有名なカルマンフィルタ(Kalman Filter)はPOMDPの一種である．この場合，学習者は観測値から隠れ状態を推定しながら，学習を進めることになる．図16に，POMDPをDBNの形に描いた図を示す．

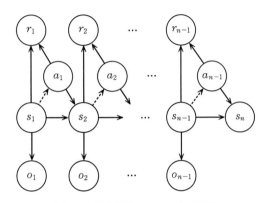

図 16　部分観測マルコフ決定過程

さらには，複数の学習者がインタラクションしながら全体として学習を進めて行くような設定も考えられる．そのような設定の機械学習は，たとえば，サッカーなどのスポーツ，多くのディーラーが参加する市場，多くのスタッフが参加する救助現場や医療現場などのモデルとして用いられ，研究が進められている．

謝　辞

本稿の図表の作成には，パブリックドメインの統計解析ソフトウェアであるRおよびドローイングソフトウェアTgifを利用した．開発関係者に感謝する．

文献案内

ここでは，本文で触れた内容についてさらに詳しく学ぶための教科書やモノグラフをあげておく．本文を書く際にもこれらの本を参考にさせていただいた．もちろん，以下は網羅的リストではなく，ここで触れている以外にも，たくさんの良い本がある．また，WWW 上にも，多くのチュートリアル，FAQ，掲示板，ソフトウェア集，データ集などがあり，検索エンジンによって簡単にアクセスすることができる．

統計的パターン認識についてはすでに多くの良書が出版されているが，その中でもバイブル的な存在は，やはり Duda ら (2001) である．かなりの大部であるが，パターン認識について学ぶのであれば読破する価値はある．第 2 版になって著者に Stork が加わり，ニューラルネットワークなどの記述が大幅に加えられた．クラスタリングについての記述もある．翻訳も良質である．Fukunaga(1990) もこの分野の古典の第 2 版である．k-NN 法に関する理論的解析が詳しい．石井ら (1998) には，よく選ばれた題材が，題名どおりに大変わかりやすく書かれている．大津ら (1996) には，パターン認識の教科書で触れられることの少ない特徴抽出についての理論基盤が述べられている．また，いろいろな具体的問題への適用事例も豊富である．上坂と尾崎 (1990) は，新しい本ではないが，いろいろな確率モデルや学習手法について，基本的なアルゴリズムがしっかりと掲載されている．中川 (1999) は，多くの基本的な手法についての解説および音声情報を中心として，幅広い分野における実際的なパターン認識問題への適用事例を多く含んでいる．また，識別方式の優劣の検定法についても触れられている．白井と谷内田 (1998) には，画像処理，コンピュータビジョンを中心に，最新の技術が述べられている．

部分空間法については Oja(1983) が，古典的である．Quinlan(1993) は，決定木を求めるアルゴリズムとして有名な C4.5 に関する原典である．Minsky と Papert(1988) は，パーセプトロンの能力の本質について考察した古典の改訂版である．Bishop(1995) は，統計科学の視点からニューラルネットワークを解説しており，最近の成果についても述べられている．Rumelhart ら (1986) は，1980 年代後半のコネクショニスト・ブームを引き起こした大部の教科書である．翻訳は選ばれた章のみを含んでいる．甘利 (1989) は神経回路網の数理をコンパクトにまとめている．さらにニューラルネットワークの数理の奥深さやおもしろさに触れたい読者には，甘利 (1978)，西森 (1999) がお勧めである．渡辺 (2001) には，多層のニューラルネットワークのような特異性をもつモデルについての理論など，著者の研究を含む最新の成果が，理論的にきちんと，しかしわかりやすく，述べられている．

統計的決定理論についての詳しい教科書としては，Berger(1985) があげられる．モデル選択法の 1 つであるブートストラップ法については，創始者の Efron による Efron と Tibshirani(1994) がわかりやすい．また，Chernick(1999) は，多彩な実例を多く含んでいる．

グラフィカルモデルについては，宮川(1997)を読むことを勧める．多様なグラフィカルモデルについて，実際的な観点からわかりやすく述べられている．巻末の歴史も見逃せない．さらに深く学ぶには，理論的なことがきちんと書かれている新しいテキストとして Lauritzen(1996)がある．Edwards(2000)も解析事例が豊富でわかりやすい．共分散構造分析については，豊田(1998a, 1998b, 2000)に，たくさんの例題や実際の適用事例が解説されている．Pearl(1988)は，ベイジアンネットワークによる因果推論を人工知能の文脈で展開した古典である．Jensen(1996)は，ベイジアンネットワークについてのわかりやすい入門書であったが，その後同じ著者による Jensen(2001)も出版されている．Frey(1998)は，気鋭の若手によるグラフィカルモデルの教科書で，誤り訂正符号への適用について詳しい．Chellapa と Jain(1993)は，マルコフランダム場についての論文集である．統計的モデル選択については，坂元ら(1983)に，我が国における先駆的な研究成果がまとめられている．隠れマルコフモデルについては，前出の Duda(2001)，中川(1999)，上坂と尾関(1990)が詳しい．北(1999)は，隠れマルコフモデルに加えて，バイグラムやトライグラムといった自然言語の統計的モデルについても詳しい．

音声認識については，Labiner と Juang(1993)がバイブル的な教科書である．最近の成果も含めた教科書としては Huang(2001)が網羅的でよくまとまっている．和書では中川(1988)がわかりやすい．鹿野ら(2001)は，大語彙連続音声認識に関する最新のテキストで，日本語大語彙連続音声認識システム Julius の CD-ROM が添付されている．Young ら(2000)は，音声認識用の隠れマルコフモデルのツールキット HTK(Hidden Markov ToolKit)のマニュアルであり，ソフトウェア本体とともに，WWW からダウンロードすることができる．田中(1999)には，自然言語処理や対話システムについて書かれている．

機械学習については Mitchel(1997)がコンパクトによくまとまった教科書である．Michie ら(1994)はさまざまな統計的学習手法を比較検討している．Russel と Norvig(1995)は気鋭の研究者による人工知能の最新の教科書であり，とくに確率的推論や学習について多くのページが割かれている．西田(1999)，白井(2001)にも，ベイジアンネットワークなどの確率推論が取り上げられている．Kearns と Vazirani(1994)は，計算論的学習理論についての著者の優れた博士論文に基づいた教科書である．学習の統計力学については，前出の西森(1999)が基本的であり，樺島(2002)が最新の成果を含んでいる．情報理論の教科書としては，Cover と Thomas(1991)，韓と小林(1994)があげられる．後者は MDL 原理についての真摯な記述が印象的である．

統計的学習理論については，元祖である Vapnik による Vapnik(1995, 1998)があげられる．前者は後者のエッセンスを読み物風に書いたものである．Hastie ら(2001)は，豊富な事例を使って最新の成果をわかりやすく述べている．Herbrich(2002)も後半で統計的学習理論について述べている．Sutton と Barto(1998)は，強化学習の元祖の 1 人による詳しい教科書である．

■本シリーズの他の巻とのつながり

 本シリーズの他の巻には，本文で触れた概念や手法についてさらに詳しくあるいは別の視点から述べているものがある．以下では，編者からの情報なども含めて，知りえた範囲で関連する箇所を示す．本シリーズの読者へのガイドとなれば幸いである．

 多変量解析や確率モデルのグラフ表現などの基礎事項は第 1 巻『統計学の基礎 I』で扱われている．共分散構造分析，構造方程式モデリングやグラフ表現に基づく因果推論については第 5 巻『多変量解析の展開』に詳しい．また，第 11 巻『計算統計 I』では，平均場近似，EM 法，変分ベイズ法などを有限混合分布モデルやグラフィカルモデルを題材にして説明している．時系列データ解析のための基礎事項は第 1 巻，実践的な展開や新しい手法については，第 4 巻『階層ベイズモデルとその周辺』，第 8 巻『経済時系列の統計』，第 12 巻『計算統計 II』を参照されたい．隠れマルコフモデルの遺伝子配列情報の解析や自然言語処理などへの応用については，第 9 巻『生物配列の統計』および第 10 巻『言語と心理の統計』で知ることができるだろう．マルコフランダム場は第 4 巻で画像のモデルとして取り上げられている．また，第 11 巻でも関連したアルゴリズムについて触れている．有限混合分布やニューラルネットワークなどは特異性を持つモデルである．こうしたモデルの性質は第 7 巻『特異モデルの統計学』で詳説される．ブートストラップ法については第 11 巻で説明されている．AIC や MDL，統計的モデル選択一般については第 3 巻『モデル選択』を参照して欲しい．

甘利俊一(1978): 神経回路網の数理．産業図書．
甘利俊一(1989): 神経回路網とコネクショニズム．東京大学出版会．
Berger, J. O. (1985): Statistical Decision Theory and Bayesian Analysis, second edition. Springer Verlag: New York.
Bishop, C. M. (1995): Neural Networks for Pattern Recognition. Oxford University Press: Oxford, UK.
Chellapa, R. and Jain, A. (eds.)(1993): Markov Random Fields: Theory and Application. Academic Press: Sandiego.
Chernick, M. R. (1999): Bootstrap Methods A Practitioner's Guide. Wiley Interscience: New York.
Cover, T. M. and Thomas, J. A. (1991): Elements of Information Theory. Wiley Interscience: New York.
Duda, R. O., Hart, P. E. and Stork, D. G. (2001): Pattern Classification, second edition. John Wiley & Sons: New York. 尾上守夫(監訳)(2002): パターン識別．新技術コミュニケーションズ．
Edwards, D. (2000): Introduction to Graphical Modelling, second edition. Springer Verlag: New York.
Efron, B. and Tibshirani, R. J. (1994): An Introduction to the Bootstrap. Chap-

man & Hall.

Frey, B. J. (1998): Graphical Models for Machine Learning and Digital Communication. MIT Press: Cambridge, MA.

Fukunaga, K. (1990): Introduction to Statistical Pattern Recognition, second edition. Academic Press: New York.

Hastie, T., Tibshirani, R. and Friedman, J. (2001): The Elements of Statistical Learning: Data Mining, Inferenece, and Prediction. Springer Verlag: New York.

Herbrich, R. (2002): Learning Kernel Classifiers Theory and Algorithms. MIT Press: Cambridge, MA.

Huang, X., Acero, A. and Hon, H.-W.(2001): Spoken Language Processing: A Guide to Theory, Algorightm, and System Development. Prentice Hall: Upper Saddle River, NJ.

石井健一郎，上田修功，前田英作，村瀬洋(1998)：わかりやすいパターン認識．オーム社．

Jensen, F. V. (1996): An Introduction to Bayesian Networks. UCL Press: London.

Jensen, F. V. (2001): Bayesian Networks and Decision Graphs. Springer Verlag: New York.

樺島祥介(2002)：学習と情報の平均場理論．岩波書店．

韓太舜，小林欣吾(1994)：情報と符号化の数理，岩波講座 応用数学13．岩波書店．

Kearns, M. J. and Vazirani, U. V. (1994): An Introduction to Computational Learning Theory. MIT Press: Cambridge, MA.

北研二(1999)：確率的言語モデル．東京大学出版会．

Labiner, L. and Juang, B.-H. (1993): Fundamentals of Speech Recognition. Prentice-Hall: Upper Saddle River, NJ. 古井貞熙(監訳)(1995)：音声認識の基礎(上・下)．NTTアドバンストテクノロジ．

Lauritzen, S. L. (1996): Graphical Models. Oxford University Press: Oxford, UK.

Michie, D., Spiegelhalter, D. J. and Taylor, C. C. (eds.) (1994): Machine Learning, Neural and Statistical Classification. Ellis Horwood: Chichester, England.

Minsky, M. L. and Papert, S. A. (1988): Perceptrons: An Introduction to Computational Geometry, extended edition. MIT Press: Cambridge, MA. 中野馨，阪口豊(訳)(1993)：パーセプトロン．パーソナルメディア．

Mitchel, T. (1997): Machine Learning. McGraw Hill: New York.

宮川雅巳(1997)：グラフィカルモデリング．朝倉書店．

中川聖一(1988)：確率モデルによる音声認識．電子情報通信学会．

中川聖一(1999)：パターン情報処理．情報科学コアカリキュラム講座．丸善．

西田豊明(1999)：人工知能の基礎．情報科学コアカリキュラム講座．丸善．

西森秀稔(1999): スピングラス理論と情報統計力学. 岩波書店.
Oja, E. (1983): Subspace Methods of Pattern Recognition. Research Studies Press: Hartfordshire, UK,.
大津展之, 栗田多喜夫, 関田巌(1996): パターン認識——理論と応用. 朝倉書店.
Pearl, J. (1988): Probabilistic Reasoning in Intelligent System: Networks of Plausible Inference. Morgan Kaufmann: San Fransisco, CA.
Quinlan, J. R. (1993): C4.5: Programs for Machine Learning. Morgan Kaufmann: San Francisco, CA.
Rumelhart, D. E., McClelland, J. L. and the PDP Research Group (eds.)(1986): Parallel Distributed Processing, Volume 1 and 2. MIT Press: Cambridge, MA. 甘利俊一(監訳)(1989): PDPモデル. 産業図書.
Russel, S. and Norvig, P. (1995): Artificial Intelligence: A Modern Approach. Prentice-Hall: Upper Saddle River, NJ. 古川康一(監訳)(1997): エージェントアプローチ 人工知能. 共立出版.
坂元慶行, 石黒真木夫, 北川源四郎(1983): 情報量統計学. 共立出版.
鹿野清宏, 伊藤克亘, 河原達也, 武田一哉, 山本幹雄(編著)(2001): IT Text 音声認識システム. オーム社出版局.
白井良明(2001): 人工知能の理論. コロナ社.
白井良明, 谷内田正彦(1998): パターン情報処理. オーム社.
Sutton, R. S. and Barto, A. G. (1998): Reinforcement Learning: An Introduction. MIT Press: Cambridge, MA. 三上貞芳, 皆川雅章(訳)(2000): 強化学習. 森北出版.
田中穂積(監修)(1999): 自然言語処理——基礎と応用. 電子情報通信学会.
豊田秀樹(1998a): 共分散構造分析「入門編」. 朝倉書店.
豊田秀樹(編著)(1998b): 共分散構造分析「事例編」. 北大路書房.
豊田秀樹(2000): 共分散構造分析「応用編」. 朝倉書店.
上坂吉則, 尾関和彦(1990): パターン認識と学習のアルゴリズム. 文一総合出版.
Vapnik, V. N. (1995): The Nature of Statistical Learningn Theory. Springer-Verlag: New York.
Vapnik, V. N. (1998): Statistical Learning Theory. John Wiley & Sons: New York.
渡辺澄夫(2001): データ学習アルゴリズム. データサイエンス・シリーズ 6. 共立出版.
Young, S., Kershaw, D., Odell, J., Ollason, D., Valtchev, V. and Woodland, P. (2000): The HTK Book (for HTK Version 3.0).

II
カーネル法の理論と実際

津田宏治

目　次

1 カーネル法とは　99
2 カーネル関数と学習問題　101
　2.1　Mercer カーネル　101
　2.2　学習の定式化　102
　2.3　カーネルトリック　104
3 教師つき学習のためのカーネル法　107
　3.1　サポートベクターマシン　107
　3.2　線形計画識別器　118
　3.3　カーネル判別分析　119
　3.4　ベイズポイントマシン　121
　3.5　スパースカーネル回帰分析　122
4 教師なし学習のカーネル法　123
　4.1　カーネル主成分分析　124
　4.2　1 クラス SVM　126
5 事前知識を反映したカーネル　128
　5.1　不変性をもつカーネルの設計　128
　5.2　DNA 配列における実例　130

参考文献　133

1 カーネル法とは

近年，カーネル法と呼ばれる一連の機械学習の手法が提案されてきた（Müller et al., 2001）．その代表的な手法としては，サポートベクターマシン，カーネル判別分析，カーネル主成分分析などがある．カーネル法の応用分野は，物体認識，テキスト分類，時系列予測，DNAやタンパク質の解析など多岐にわたる（参考になる文献を本稿末に挙げた）．本稿では，カーネル法を実際のデータに適用したい読者や，カーネル法の研究を志す読者に，基本的な知識を与えることを目的とする．

機械学習には，**教師つき学習**（supervised learning）と**教師なし学習**（unsupervised learning）がある．教師つき学習の目的は，入力と出力のペア（訓練サンプル）が有限個与えられたとき，その情報から，新しい入力に対して，正しい出力を予測することである．パターン認識（石井ほか，1998），回帰分析（Schimek, 2000）などが教師つき学習の一例である．教師なし学習においては，訓練サンプルは出力をもたず，与えられた入力の組から，何らかの有用な情報を導き出すことが目的となる．クラスタリング（Jain and Dubes, 1988），主成分分析（Fukunaga, 1990）などがこの例となる．

訓練サンプルの数が十分に多い場合には，どのような機械学習法を用いても，すばらしい結果が得られる．問題はサンプル数が小さい場合であり，このような場合に良い性能を達成するためには，「事前知識」をうまく利用することが重要である．事前知識とは，たとえば，扱う対象が文字である，DNAである，音声であるといった，数値で表されていない情報である．数値で表された訓練サンプルが少ししかない以上，このような情報も利用する以外には性能を向上させる道はない．

カーネル法の特徴は，対象に対する事前知識をカーネル関数の形で表現することにある．対象全体の集合を $\mathcal{X}$ とすると，カーネル関数は2つの対

象 $x, x' \in \mathcal{X}$ に対して定義される関数である[*1]:
$$K : [x, x'] \to R$$
カーネル関数は2つの対象の「類似度」を表していると考えることができる．つまり，ユーザは，類似度の形で自らの事前知識を表現し，それをカーネル関数として学習法に組み込むことができる．たとえば，文字認識の分野では，回転や拡大に対する不変性を考慮に入れたカーネル関数が提案されている(Schölkopf, 1997)．また，DNA，タンパク質分析の分野でも，生物学的な知識をカーネル関数に含める試みがなされている(Zien et al., 2000)．

機械学習に事前知識を導入するためのもう1つの方法は，データの確率分布としてあるモデル(確率モデル)を仮定することである．確率モデルは数個のパラメータをもっており，パラメータをある値に設定することによって，特定の確率分布を表現することができる．確率モデルとしては，正規分布(Fukunaga, 1990)，マルコフモデル(Fukunaga, 1990)といった簡単なものから，隠れマルコフモデル(HMM)(Rabiner, 1989)，グラフィカルモデル(Jordan, 1998)，ベイジアンネット(Jordan, 1998)などといった複雑なものまで多数提案され，まさに百花繚乱といっていい．

しかし，自らの事前知識と照らし合わせて，適当な確率モデルを選ぶのは簡単な作業ではない．その理由の1つとしては，モデル選びにはトップダウン的な視点，つまり，データを生み出すプロセスについての理解が不可欠だからである．たとえば，さまざまな因子からある人が病気かどうかを判定するベイジアンネットには，病気を生み出すプロセスに関する医学的な研究の成果がつめこまれている．データを生み出すプロセスに関して何の知識もないとき，われわれはどのようにして学習法を設計すべきだろうか？

本稿で扱うカーネル法は，学習法を，サンプルどうしの「類似度」から構成する方法であるので，データの生成プロセスに対しての知識がなくても，何らかの類似性を定義できればよい．たとえば，文字認識では，文字が生成される過程ではなく，文字の類似性に焦点を当てることになる．本

[*1] 以降カーネル関数を，「カーネル」と略す場合がある．

稿では，事前知識がカーネル関数の形で表されているとき，それを用いてデータを処理したり，分析したりする方法を紹介する(2章～4章)．また，事前知識からカーネル関数を構成する実例も示す(5章)．もちろん，本稿だけですべての方法を紹介するわけにはいかないが，最近提案されたものの中から代表的なものを取り上げることにする．

2 カーネル関数と学習問題

2.1 Mercerカーネル

対象全体の集合を $\mathcal{X}$ とおく．たとえば，対象が 16×16 の画像の場合には，$\mathcal{X}$ は256次元の実空間である($\mathcal{X} = R^{256}$)．また，対象がDNAの場合には，$\mathcal{X}$ は，A, C, G, Tのアルファベットから成る任意の長さの列の集合である．ここで，カーネル関数は，$\mathcal{X} \times \mathcal{X}$ を定義域とする実対称関数であると定義される(Vapnik, 1998; Haussler, 1999)．対称性から，

$$K(\boldsymbol{x}, \boldsymbol{x}') = K(\boldsymbol{x}', \boldsymbol{x}) \tag{1}$$

である．先に述べた通り，このカーネル関数は，対象の類似度を表現するように設計されるのであるが，カーネル関数が次に述べる「半正定値性」を満たしていれば，数学的な性質が明確になって，理論的に扱いやすくなる．

定義1 任意の $N > 1$，任意の $\boldsymbol{x}_1, \cdots, \boldsymbol{x}_N \in \mathcal{X}$ に関して

$$\sum_{i,j} c_i c_j K(\boldsymbol{x}_i, \boldsymbol{x}_j) \geq 0, \quad \forall c_1, \cdots, c_N \in R \tag{2}$$

が成り立つとき，関数 K は半正定値であるという．

このようなカーネル関数はMercerカーネルとよばれる(Müller *et al.*, 2001)．半正定値性から，次のような定理が導かれる(Mate, 1989)．

定理1 任意のMercerカーネル K に対し，式(4)を満たすような写像

$$\Phi(\boldsymbol{x}) := \{\phi_k(\boldsymbol{x})\}_{k=1}^D \tag{3}$$

が存在する．

$$K(\boldsymbol{x},\boldsymbol{x}') = \sum_{k=1}^{D} \phi_k(\boldsymbol{x})\phi_k(\boldsymbol{x}') \tag{4}$$

$\phi_k(\boldsymbol{x})$ を基底とする D 次元のベクトル空間は，**特徴空間**(feature space)とよばれる．D は無限大であってもよい．それに対しもとの $\boldsymbol{x}$ の所属する空間 $\mathcal{X}$ を**入力空間**(input space)とよぶ．上の定理は，入力空間における 2 点 $\boldsymbol{x}, \boldsymbol{x}'$ のカーネル関数が，特徴空間に写像された点 $\Phi(\boldsymbol{x}), \Phi(\boldsymbol{x}')$ の内積として表されることを示している．この事実を知り，カーネル関数に対応する特徴空間への写像を思い浮かべることによって，カーネル関数を深く理解できる．カーネル関数の半正定値性は，数学的な理論構成の点で非常に役に立つ性質であり，次章から述べる多くの学習法は，ほとんどすべてこの定理を用いて導かれている(2.3 節参照)．

入力空間が連続値の場合($\mathcal{X} = R^n$)，半正定値のカーネルの例としては，多項式カーネル

$$K(\boldsymbol{x},\boldsymbol{x}') = (\boldsymbol{x}^\top \boldsymbol{x}' + 1)^p$$

やガウシアンカーネル

$$K(\boldsymbol{x},\boldsymbol{x}') = \exp\left(-\frac{\|\boldsymbol{x}-\boldsymbol{x}'\|^2}{\sigma^2}\right)$$

などがある(Müller et al., 2001)．また，入力空間が離散値の場合にも，convolution カーネル(Haussler, 1999)，Fisher カーネル(Jaakkola and Haussler, 1999)，TOP カーネル(Tsuda, Kawanabe et al., 2002)などが提案されている．また，一般の類似度はかならずしも半正定値ではないが，半正定値になるように修正することによって，次章以降で述べる手法と組み合わせることができる(Graepel et al., 1999; Tsuda, 1999b; Schölkopf, Mika et al., 1999)．

2.2 学習の定式化

入力 $\boldsymbol{x} \in \mathcal{X}$ と，出力 y が組み合わされた訓練サンプルが n 個

$$Z := \{\boldsymbol{x}_i, y_i\}_{i=1}^n \tag{5}$$

あるとき，未知の入力に対し出力を予測する問題を考える．出力が離散値 $y \in \{1, \cdots, k\}$ の場合，この問題は**分類問題**(classification problem)とよばれ，出力が連続値の場合には，**回帰問題**(regression problem)とよばれる．分類問題の例としては，文字認識(石井ほか，1998)や，音声認識(Rabiner, 1989)が挙げられる．また，回帰問題としては，電力消費量の予測(Murata and Onoda, 2001)などがある．**教師つき学習**においては，入力と出力の関係を記述する関数

$$y = f(\boldsymbol{x})$$

を訓練サンプルから構築することを目的とする．一般的な学習法では，真の関数が，パラメトリックモデル $f(\boldsymbol{x}, \boldsymbol{\theta})$, $\boldsymbol{\theta} \in R^p$ に含まれていると仮定し，訓練サンプル Z が与えられたとき，パラメータ $\boldsymbol{\theta}$ を損失関数[*2]L が最小になるように求める．

$$\hat{\boldsymbol{\theta}} = \operatorname*{argmin}_{\boldsymbol{\theta}} L(\boldsymbol{\theta}, Z)$$

この作業を，パラメータの「学習」とよぶ[*3]．

学習法を設計する際に問題となるのは，いかに「過学習」を防ぐかという点である(Müller *et al.*, 2001)．過学習とは，少数の訓練サンプルに，複雑すぎるパラメトリックモデルをあてはめたとき，予測性能が大きく悪化する現象である．過学習を防ぐためには，損失関数に，パラメータのみの関数である正則化項 $r(\boldsymbol{\theta})$ を付け加えるのが効果的である(Girosi *et al.*, 1995)．

$$\hat{\boldsymbol{\theta}} = \operatorname*{argmin}_{\boldsymbol{\theta}} L(\boldsymbol{\theta}, Z) + r(\boldsymbol{\theta}) \qquad (6)$$

正則化項は，複雑な関数に対応する $\boldsymbol{\theta}$ に対して高い値を示すように設計される．以下で紹介する方法は，すべて正則化項を備えているので，実例はそれぞれの場合に示すことにしよう．

[*2] 損失関数は学習の目的によって異なる．分類問題では訓練サンプルの誤識別数，回帰問題では 2 乗誤差などが一般的である．
[*3] ノンパラメトリックな方法(例：k 近傍法(Fukunaga, 1990))などでは，データから直接 f が得られるが，これから紹介するカーネル法はすべてパラメトリックな方法である．

2.3 カーネルトリック

学習を行う際には,パラメトリックモデル $f(x,\theta)$ の選択が重要なポイントとなる.選択肢としては,線形モデル

$$f(x,\theta) = w^\top x + b, \quad \theta = \{w,b\}, \quad w \in R^d, \quad b \in R$$

と,より複雑な非線形モデルとが考えられる.線形モデルの利点は,学習を簡単な手順で行うことができる点にある.一方,モデルの表現能力はあまり高くない.たとえば,識別に用いる場合には,線形モデルは超平面の識別面を表すことはできるが,超平面でうまくクラスを分けられない場合(例:図1左)には問題がある.一方,非線形モデルを用いると,局所解の問題[*4]など,学習に困難を伴うことが多い.

この問題を解決するため,次のような前処理をすることを考えよう.

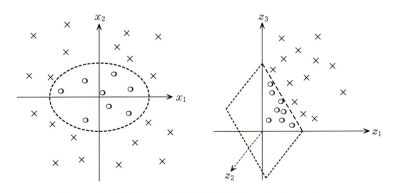

図1 2次元空間での分類問題におけるカーネルトリック.2次の項 $x_1^2, \sqrt{2}x_1x_2, x_2^2$ を特徴として用いて写像を行うと,線形の平面で2つのクラスを識別できるようになる.これは,入力空間で楕円形の識別面を構成していることに対応する(Schölkopf and Smola, 2002).

$$x \to \Phi(x)$$

ここで,$\Phi: R^d \to R^D$ は,D 次元空間への非線形写像であり,D はもとの

[*4] 非線形モデルでは,損失関数の非線形性が非常に高くなって,既存の最適化法(勾配法など)では真の最適解を見つけるのが困難になる.これを局所解の問題という.

次元数 d よりもはるかに大きいとする．そして，高次元空間で線形モデルを用いて学習を行えば，実質的にもとの空間で非線形のモデルを用いているのと等価になる．これにより，困難を伴わずに，非線形な学習を行うことが可能になる．

図1は，この前処理が有効である場合を示している．2次元空間に左図のようにサンプルが分布している場合，直線(1次元の線形モデル)で2つのクラスを分けることはできない．しかし，これを次のように3次元空間に写像すると，

$$\Phi: R^2 \to R^3$$
$$(x_1, x_2) \to (z_1, z_2, z_3) := (x_1^2, \sqrt{2}\,x_1 x_2, x_2^2) \tag{7}$$

平面(2次元の線形モデル)で分けることができる(線形分離可能)．この例は非常に単純であるが，実問題を扱う場合には，非常に高次元な空間への写像が必要になる場合がある．たとえば，16×16 の画像(256次元のベクトル)を，5次までのすべての項を含む特徴空間に展開するとしよう．このとき，特徴空間の次元数は，

$$\binom{5 + 256 - 1}{5} \approx 10^{10}$$

となる．このような写像を実際に計算機上で実現するのは計算量や記憶量の問題からむずかしい．しかし，次のようなトリックを用いることによって，この問題を回避することができる．まず，線形モデルの重み w を訓練サンプルの線形結合で表そう．

$$w = \sum_{i=1}^{n} \gamma_i x_i \tag{8}$$

そうすると，線形モデル $f(x)$ は，x と x_i との内積で表される．

$$f(x) = \sum_{i=1}^{n} \gamma_i x^\top x_i \tag{9}$$

このような線形モデルを高次元空間で適用すると，

$$f(\Phi(x)) = \sum_{i=1}^{n} \gamma_i \Phi(x)^\top \Phi(x_i)$$

となる．さて，ここで，Φ に対応するカーネル K が存在すると仮定する．すなわち，
$$K(\boldsymbol{x}, \boldsymbol{x}') = \Phi(\boldsymbol{x})^\top \Phi(\boldsymbol{x}')$$
となる．すると，高次元空間での線形モデルは，K のみによって書くことができ，
$$f(\Phi(\boldsymbol{x})) = \sum_{i=1}^{n} \gamma_i K(\boldsymbol{x}, \boldsymbol{x}_i) \qquad (10)$$
となって写像 Φ の計算を回避できる．このトリックをカーネルトリックとよぶ(Müller, et al., 2001)．たとえば，式(7)の写像に対応するカーネルは，
$$\begin{aligned}(\Phi(\boldsymbol{x}) \cdot \Phi(\boldsymbol{y})) &= (x_1^2, \sqrt{2}\, x_1 x_2, x_2^2)(y_1^2, \sqrt{2}\, y_1 y_2, y_2^2)^\top \\ &= ((x_1, x_2)(y_1, y_2)^\top)^2 \\ &= (\boldsymbol{x} \cdot \boldsymbol{y})^2 \\ &=: K(\boldsymbol{x}, \boldsymbol{y})\end{aligned}$$
となる．カーネルトリックの面白い点は，非常に高次元の空間における内積 $\Phi(\boldsymbol{x})^\top \Phi(\boldsymbol{x}')$ の計算が，入力空間のカーネル関数によって行える点にある．ここで，カーネル関数として，対象の類似性をうまく表現するものを選んでおけば，特徴空間への写像にユーザが指定した類似度が反映されることになる．

カーネルトリックは，線形モデルで表される手法を，エレガントな方法で非線形に拡張する枠組みを示している．実際，これまでに多くの線形の学習法がカーネルと組み合わされてきた．すでに述べたカーネル主成分分析(Schölkopf, Smola and Müller, 1998)，カーネル判別分析(Mika, Rätsch et al., 1999)はいうに及ばず，カーネル部分空間法(Tsuda, 1999a; 前田，村瀬, 1999; Murata and Onoda, 2001)，カーネル正準相関分析(Melzer et al., 2001)などが提案されている．

3 教師つき学習のためのカーネル法

3.1 サポートベクターマシン

　サポートベクターマシン（support vector machine, SVM）は，2 クラスの分類問題を解くためにつくられた学習機械である（$y \in \{-1, 1\}$）．SVM は，線形の識別器であるが，前章で述べたように，Mercer カーネルを組み合わせることによって非線形に拡張することができる（Vapnik, 1998）．歴史的にいうと，SVM は，それまでスタンダードな方法であった多層パーセプトロン（multilayer perceptron, MLP）（Haykin, 1994）と入れ替わる形で登場した経緯をもつ．MLP も SVM と同様に非線形の識別器であり，バックプロパゲーションによって学習される（Haykin, 1994）．MLP の欠点は，学習アルゴリズムに与えるパラメータの初期値によって，まったく最終的な解が違ってくるという，局所解の問題であった．これは応用の研究者にとっては大きな問題である．なぜなら，実験を行って悪い結果を得たとしても，それはネットワーク構造などの本質的な部分が悪いのか，それとも単に局所解のためなのかという判断がつかないからである．SVM には，非線形の識別面を表現できるにもかかわらず，局所解の問題がないという利点があり，応用の研究者に圧倒的に受け入れられた．また，SVM には，VC 理論（Vapnik, 1998）による正当化が与えられ，理論面の研究者の関心も引くこととなった．

（a）線形 **SVM**
線形 SVM の識別関数は次のように表される．

$$f(\boldsymbol{x}) = \sum_{j=1}^{d} w_j x_j + b \tag{11}$$

ここで，w_i は線形識別器の重みとよばれるパラメータで，ベクトル表示し

たもの w を重みベクトルとよぶ．また，b はバイアス項とよばれるパラメータである．この識別器の，$f(x)=0$ を満たす点の集合（識別面）は，$d-1$ 次元の超平面となる．

ここで，図2のように，異なるクラスの訓練サンプルが $d-1$ 次元の超平面（この場合は直線）によって分離できる（線形分離可能）としよう．この場合，訓練サンプルを完全に識別する超平面は，無数に存在する．パターン認識の目的は，訓練サンプルを識別することではなく，未知のテストサンプルを正しく識別することである．訓練サンプルを完全に識別するいろいろな超平面の中で，テストサンプルを識別するのに，もっとも優れているものはどのようなものであろうか？

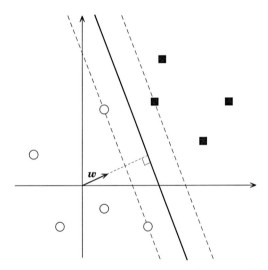

図2 SVMの識別面．○がクラス1の訓練サンプル，□がクラス2の訓練サンプルを示す．SVMの識別面は，2つのクラスの「真ん中」を通る超平面である．

SVMでは，次のように考える．訓練サンプルを完全に識別する超平面の中で，もっとも優れているのは，2つのクラスの「真ん中」を通るものである．この根拠については，3.1節(f)項で詳しく述べるとして，そのような超平面を選ぶには，どのように評価関数を設定すればよいかを考えよう．

SVMでは，超平面と訓練サンプルとの最小距離を評価関数として用い，これを最大にするように超平面を決定する．仮に，超平面が，どちらかのクラスに極端に寄っていたとしよう．そうすると，訓練サンプルへの最小距離は，非常に小さい値となり，SVMの評価関数の値が小さくなってしまう．評価関数の値を大きくすれば，2つのクラスへの距離が自動的にバランスされ，ほぼ真ん中に超平面が位置することになる(図2)．詳しくいえば，識別面は，各クラスの訓練サンプルの凸包(convex hull)を結ぶ最短の線分の中点を通り直交する超平面となる．評価関数の最大化を行って超平面を決定したとき，一般に，最小距離に対応する訓練サンプルは1つではない．たとえば，図2においても，○の方には最小距離に対応する点が2つある．このようなサンプルは，超平面の周りにあり，超平面を「サポート」しているように見えるため，「サポートベクター」とよばれる．これが，この識別器の奇妙な名前の語源である．

(b) 学習法の定式化

この項では，数式を用いてSVMの学習法の定式化を行い，学習問題が，線形制約つきの2次計画問題に帰着することを示す．ここで，訓練サンプルを，$x_1, \cdots, x_n$で表す．また，それぞれのクラスラベルを$y_1, \cdots, y_n$と表し，訓練サンプルがクラスAに属していれば，$y=1$，クラスBなら，$y=-1$とする．

パラメータw, bは，定数倍しても，表現する超平面がまったく変わらないので，冗長性をもっている．このような冗長性があると学習結果が一意に決まらないので，次のような制約を加える．

$$\min_{i=1,\cdots,n} |w^\top x_i + b| = 1$$

このような変則的な制約を加えるのには理由がある．訓練サンプルと超平面の最小距離は，

$$\min_{i=1,\cdots,n} \frac{|w^\top x_i + b|}{\|w\|}$$

と表されるが，上のような制約を加えると，必ず$1/\|w\|$になるのである．w, bは，訓練サンプルを完全識別するもののなかから，最小距離を最大に

するように決めるので，次のように定式化される．

$$\min_{\boldsymbol{w}} \|\boldsymbol{w}\|^2 \tag{12}$$

$$\text{制約条件} \quad y_i(\boldsymbol{w}^\top \boldsymbol{x}_i + b) \geq 1 \tag{13}$$

目的関数を最小化すれば，最小距離 $1/\|\boldsymbol{w}\|$ の最大化につながる．また，制約条件は，この超平面が訓練サンプルを 100% 認識することを示している．

制約つきの問題は，ラグランジュの乗数法を用いると，より簡単な問題に帰着することが多い．ラグランジュ乗数 $\alpha_i (\geq 0)$ を導入すると，

$$L(\boldsymbol{w}, b, \boldsymbol{\alpha}) = \frac{1}{2}\|\boldsymbol{w}\|^2 - \sum_{i=1}^n \alpha_i (y_i((\boldsymbol{x}_i^\top \boldsymbol{w} + b) - 1))$$

を得る．最適化問題を解くには，$\boldsymbol{w}, b$ に関して L を最小化し，α に関して最大化すればよい．最適解においては，L の勾配が 0 になるので，次のような式が成立する．

$$\frac{\partial L}{\partial b} = 0, \quad \frac{\partial L}{\partial \boldsymbol{w}} = 0$$

これから，次のような関係が導かれる．

$$\sum_{i=1}^n \alpha_i y_i = 0 \tag{14}$$

$$\boldsymbol{w} = \sum_{i=1}^n \alpha_i y_i \boldsymbol{x}_i \tag{15}$$

これを式(12),(13)に代入すると，α のみに関する最大化問題になる．

$$\max_{\boldsymbol{\alpha}} \sum_{i=1}^n \alpha_i - \frac{1}{2} \sum_{i,j=1}^n \alpha_i \alpha_j y_i y_j \boldsymbol{x}_i^\top \boldsymbol{x}_j$$

$$\text{制約条件} \quad \alpha_i \geq 0, \quad \sum_{i=1}^n \alpha_i y_i = 0$$

最適な α から $\boldsymbol{w}$ を得るには，式(15)の関係を用いて $\boldsymbol{w}$ を求めればいい．また，b は，

$$b = -\frac{1}{2}(\boldsymbol{w}^\top \boldsymbol{x}_\text{A} + \boldsymbol{w}^\top \boldsymbol{x}_\text{B})$$

より求められる．ここで，$\boldsymbol{x}_\text{A}, \boldsymbol{x}_\text{B}$ は，それぞれ，クラス A, B に属するサ

ポートベクターである．

(c) ソフトマージン

さて，ここまでは，訓練サンプルは，超平面によって完全に識別できることを仮定して話を進めてきた．もしも特徴空間の次元数が，訓練サンプルの数よりも大きければ，このような仮定は成り立つ．しかし，一般には，そうでない場合も考えられる．その場合，制約条件(13)を満たす w, b が存在しないため，最適化を行うことができない．このような場合に対処するために考案されたのが，ソフトマージンというテクニックである．最適化を行うには，制約条件を緩めることが必要となるので，スラック変数

$$\xi_i \geq 0, \quad i = 1, \cdots, n$$

を導入し，制約条件を次のように変更する．

$$y_i(w^\top x_i + b) \geq 1 - \xi_i$$

そして，最適化においては，次の目的関数を最小化する．

$$\frac{1}{2}\|w\|^2 + C\sum_{i=1}^{n}\xi_i$$

ここで，C が，どこまで制約条件を緩めるかを指定するパラメータであり，設定は実験的に行うことになる．このように最適化問題を変更すると，ラグランジュ乗数 α に関する問題も次のように変更される．

$$\max_{\alpha} \sum_{i=1}^{n}\alpha_i - \frac{1}{2}\sum_{i,j=1}^{n}\alpha_i\alpha_j y_i y_j x_i^\top x_j \tag{16}$$

$$\text{制約条件}\quad 0 \leq \alpha_i \leq C, \quad \sum_{i=1}^{n}\alpha_i y_i = 0 \tag{17}$$

スラック変数の導入により，もとの問題は複雑な形のままであるが，ラグランジュ乗数に関する問題は，比較的シンプルな形になることがわかる．

Karush-Kuhn-Tucker 条件(茨木，福島，1993)から，問題(16)の最適解は，次の条件を満たす(Vapnik, 1998)．

$$\begin{aligned} \alpha_i = 0 &\Rightarrow y_i f(\boldsymbol{x}_i) \geq 1 \\ 0 < \alpha_i < C &\Rightarrow y_i f(\boldsymbol{x}_i) = 1 \\ \alpha_i = C &\Rightarrow y_i f(\boldsymbol{x}_i) \leq 1 \end{aligned} \quad (18)$$

この条件より，識別結果 $\mathrm{sign} f(\boldsymbol{x})$ が y_i と一致していて，また，マージン値 $y_i f(\boldsymbol{x})$ が閾値 1 より大きいサンプルに対応する α_i は 0 になることがわかる．このように，パラメータベクトルのうち，多くの要素が 0 であるような解をスパースな解(sparse solution)とよぶ．

このことは幾何的には，図 3 のように表される．図の ◯，□ は，それぞれ異なるクラスの訓練サンプルを表す．また，実線は識別面を表し，破線は $f(\boldsymbol{x}) = \pm 1$ の面を表す．$y_i f(\boldsymbol{x}) = 1$ の面(図の点線)より境界側に存在する点に対応するパラメータのみが非 0 となり，残りのパラメータは 0 となる．図では，非 0 になるパラメータに対応するサンプルを塗りつぶして示している．ソフトマージンの場合，$\alpha_i > 0$ であるような点をすべてサポートベクターとよぶ(Vapnik, 1998)．

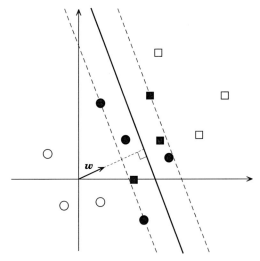

図 3 ソフトマージン SVM の識別面．◯ がクラス 1 の訓練サンプル，□ がクラス 2 の訓練サンプルを示す．塗りつぶされたサンプルは，係数 $\alpha_i > 0$ であるものを表す．

一般に低次元空間に多くのサンプルがある場合には，0になるパラメータの数が多くなる傾向があるが，高次元に少数しかない場合には，0になるパラメータの割合は小さくなってしまうことが知られている．高次元空間で，よりスパースな解を得るためには，3.2節で述べる方法を用いる必要がある．

（d） カーネルによる非線形への拡張

SVMの識別関数，学習問題ともサンプル間の内積で記述されているので，それをカーネル関数に置き換えることによって非線形に拡張できる（カーネルトリック）．式(15)より，特徴空間にSVMを適用するとその重みベクトルは，

$$\boldsymbol{w} = \sum_{i=1}^{n} \alpha_i y_i \Phi(\boldsymbol{x}_i)$$

と表される．このとき識別関数は，

$$f(\Phi(\boldsymbol{x})) = \sum_{i=1}^{n} \alpha_i y_i \Phi(\boldsymbol{x})^\top \Phi(\boldsymbol{x}_i) + b \quad (19)$$

$$= \sum_{i=1}^{n} \alpha_i y_i K(\boldsymbol{x}, \boldsymbol{x}_i) + b \quad (20)$$

と書ける．また，特徴空間における学習問題(17)は，次のようになる．

$$\max_{\alpha} \sum_{i=1}^{n} \alpha_i - \frac{1}{2} \sum_{i,j=1}^{n} \alpha_i \alpha_j y_i y_j K(\boldsymbol{x}_i, \boldsymbol{x}_j) \quad (21)$$

$$\text{制約条件} \quad 0 \leq \alpha_i \leq C \quad (22)$$

$$\sum_{i=1}^{n} \alpha_i y_i = 0 \quad (23)$$

この問題は，凸2次計画問題(茨木，福島，1993)であるので，局所的最適解が必ず大局的最適解になっている．そのため，SVMには局所解の問題がない．この2次計画問題はnが大きな場合には，大規模な問題になるが，効率的な解法がいくつか提案されている（SMO(Platt, 1999)，decomposition法(Osuna et al., 1997)など）．

SVMを用いた非線形識別の例を図4に示す．図中の実線が識別面を示し，

点線は，それぞれ，$f(x)=1,-1$ に対応している．なお，ここでは，$\sigma=1$ のガウシアンカーネルを用いた．カーネル写像によって，非常に複雑な識別面が表現できるようになることがわかる．

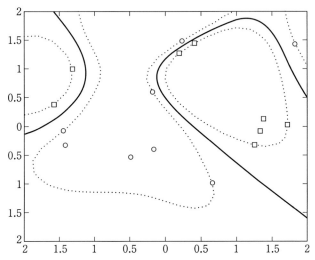

図4 SVMを用いた非線形識別の例．○はクラス1，□はクラス2の訓練サンプルを示す．図中の実線が識別面を示し，点線は，それぞれ，$f(x)=1,-1$ に対応する．

(e) SVMと正則化

Smolaら(1998)は，線形SVMの最適化問題(16)は，次の最適化問題と等価であることを示した．

$$\min_{w,b} \frac{1}{n}\sum_{i=1}^{n} c(f(x_i), y_i) + \lambda \|w\|^2 \tag{24}$$

ここで，$\|w\|^2$ は，過学習を防ぐための正則化項であり，λ は，正則化パラメータとよばれる定数である．また，c は，ソフトマージン損失関数

$$c(f(x), y) = \max(1 - yf(x), 0) \tag{25}$$

である．2つの最適化問題が等価であるとは，問題(16)を解いて得られる $f(x)$ が，適切に λ を設定することによって式(24)の解としても得られるこ

とを意味している.この結果から,SVM は,正則化の枠組み(6)からも理解できることがわかる.

正則化項 $\|w\|^2$ は,ベクトル w の ℓ_2 ノルムであるので,ℓ_2 正則化項とよばれている(Müller, 2001).これを変更することによって,さまざまな SVM のバリエーションを得ることができる(3.2 節参照).

(f) VC 理論との関係

本章の冒頭において,超平面は「真ん中」に置くべきであると述べた.学習の本来の目的は,テストサンプルを誤って識別する率(誤識別率)を最小にすることである.超平面を真ん中に置くと,なぜ誤識別率が小さくなるといえるのか? この項では,この理論的な根拠について VC 理論(Vapnik, 1998)の立場から述べるが,詳しい議論は避け,基本的なアイデアのみを述べる.まず,$p(x,y)$ という確率分布があり,訓練サンプルも,テストサンプルも,この同じ確率分布に従って独立にサンプリングされたと仮定する.また,損失関数 q を,誤りがおこったときのみ 1 になるように定義する.

$$q(x,y) = \begin{cases} 0 & yf(x) \geq 0 \\ 1 & yf(x) < 0 \end{cases}$$

すると,テストサンプルが無限個あるとき,誤識別率は,

$$R(f) = \int\int q(x,y)p(x,y)dxdy$$

と表せる.一方,訓練サンプルに対する誤識別率は,同様に,

$$R_{\mathrm{emp}}(f) = \frac{1}{n}\sum_{i=1}^{n} q(x_i, y_i)$$

と表せる.一般的に,$R(f)$ を期待損失,$R_{\mathrm{emp}}(f)$ を経験損失とよぶ.学習問題は,ある関数の集合 $\mathcal{F}$ が与えられたとき,その中から,もっとも期待損失を最小化する f を見つける問題として定式化される.しかし,われわれは経験損失しか知ることができないので,代わりに経験損失を最小化するしかない.この方法は,**経験損失最小化**(empirical risk minimization, ERM)とよばれる.

ERMを用いるとき，学習結果は，関数の集合 $\mathcal{F}$ をどのように設定するかで異なってくる．そこで，学習結果の期待損失をできるだけ小さくするための $\mathcal{F}$ の設定法が，大きな問題となる．このとき手がかりとなるのが，関数の集合 $\mathcal{F}$ における損失の差の上限(risk deviation)，数式で表せば，

$$\sup_{f \in \mathcal{F}} |R(f) - R_{\mathrm{emp}}(f)|$$

である．これに関し，次の確率的不等式が知られている．

定理2(Vapnik, 1998) 集合 $\mathcal{F}$ に対応する損失関数の集合 $\mathcal{Q}$ の VC 次元を h とすると，次の不等式は，$1 - \eta$ 以上の確率で成立する．

$$\sup_{f \in \mathcal{F}} |R(f) - R_{\mathrm{emp}}(f)| \leq \frac{\varepsilon(n)}{2} \left(1 + \sqrt{1 + \frac{R_{\mathrm{emp}}(f)}{\varepsilon(n)}} \right) \quad (26)$$

ここで，

$$\varepsilon(n) = 4 \frac{h(\ln(2n/h) + 1) - \ln(\eta/4)}{n}$$

VC 次元とは，集合 $\mathcal{Q}$ の大きさ(capacity)を示す量の1つである．VC 次元の詳しい定義については本質的でないので，ここでは避ける．この定理の示す意味は，$\mathcal{Q}$ の VC 次元を小さい値に押さえれば，それによって損失の差を小さくすることができるという点にある．母関数集合 $\mathcal{F}$ として小さい集合を選べば，$\mathcal{Q}$ の VC 次元を小さく押さえられるので，損失の差を小さくできる．

この定理を用いて，実際に期待損失の最小化を行うにはどうすればよいだろうか．**構造的損失最小化**(structural risk minimization, SRM)という方法では，入れ子構造をもつ複数の関数集合を考えて，

$$\mathcal{F}_1 \subset \mathcal{F}_2 \subset \cdots \subset \mathcal{F}_k$$

とし，このうちのどれを選んで ERM を行えば，もっとも期待損失を小さくできるかを考える．この関数集合の族は**構造**(structure)とよばれる．

関数集合の大きさによる，期待損失，経験損失，損失の差の変化の様子を図5に示す．小さい関数集合を選ぶと，訓練サンプルをうまく識別できるものが入っていない恐れがある．したがって，経験損失を小さくするためには，できるだけ大きい集合を選ぶべきである．しかし，関数集合が大

きいほど VC 次元が増加し，損失の差は大きくなってくるので，損失の差を小さくするには，小さい集合のほうがいい．期待損失は，経験損失と，損失の差の和であるから，これを最小にするには，中くらいの大きさのものを選べばよいことがわかる．

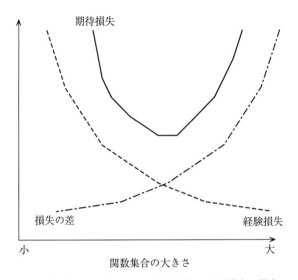

図 5　関数集合の大きさによる期待損失，経験損失，損失の差の変化

SVM は，構造的損失最小化に基づいた学習法として解釈できる．SVM で用いている関数集合は，線形関数の集合であり，
$$\mathcal{F}_\gamma = \{f | f(\boldsymbol{x}) = \boldsymbol{w}^\top \boldsymbol{x} + b,\ \|\boldsymbol{w}\| \leq \gamma\}$$
と定義される．γ は連続値であるので，構造には，無限個の関数集合が含まれていることになる．$\mathcal{F}_\gamma$ に対応する損失関数の集合の VC 次元の上限は，訓練サンプルが半径 D の球に含まれていると仮定すると，
$$h \leq \min(D^2\gamma^2, d) + 1 \tag{27}$$
で与えられる．3.1(b)項で示したとおり，SVM では，訓練サンプルを完全に識別するという制約のもとで，$\|\boldsymbol{w}\|$ を最小化する関数を選んでいる．これは，経験損失を 0 にする関数の中で，もっとも小さい $\mathcal{F}_\gamma$ に含まれてい

るものを選ぶことに対応する．つまり，経験損失を0にする関数の中でも，小さい集合に含まれているものを選ぶことにより，損失の差の上限を低く押さえ，結果的に期待損失を小さくしようとしている．これを幾何的に解釈すると，最初に述べた「真ん中」に識別面を置くことに相当しているわけである．

学習理論の専門家でない方にとっては，このような説明は，あまりにも遠回りで，不確かに感じられると思う．その理由は，ここでは，確率分布$p(\boldsymbol{x},y)$が既知であるとか，訓練サンプル数が無限大であるという仮定を置いていない点にある．このような仮定を置けば，最適な識別器は一意に定まり，明快な議論をすることができるが，実際には，このような仮定が成り立つことはまったくありえない．ここで紹介した理論の特徴は，無理な仮定を置くことなく，定理2に示したようなわずかな手掛かりから手法を構築している点にある．議論の曖昧さについては，批判の種は無数にあるが，無理な仮定を置かないという実際的な視点は評価されるべきと考えている．このような学習の枠組みはPAC学習とよばれる(Anthony, 1997)．もちろん，SVMの解釈は，このような立場に限られるわけではなく，ベイジアン推論の立場から解釈しようという研究も存在するが(Sollich, 1999)，ここでは，もっともオリジナルな解釈を紹介した．

3.2 線形計画識別器

3.1節(e)項で述べたように，SVMは，正則化の立場から理解することも可能である．従来から，正則化項として，ℓ_1ノルム，すなわち，

$$\sum_{i=1}^{n}|\alpha_i| \qquad (28)$$

を用いることによって，非常にスパースな解を得られることが知られている(Bennett and Mangasarian, 1992)．したがって，SVMのℓ_2正則化項を，ℓ_1ノルムと入れ替えれば，よりスパースな解を得ることが期待される．このような手法は，線形計画識別器(linear programming machine)とよばれる(Graepel et al., 1999b)．この最適化問題は，$\boldsymbol{\alpha}$を

$$\alpha_i = \alpha_i^+ - \alpha_i^-, \quad \alpha_i^+ \geq 0, \quad \alpha_i^- \geq 0 \qquad (29)$$

のように分割することにより,線形計画法で解くことができる.

$$\max_{\alpha^+,\alpha^-} \sum_{i=1}^n (\alpha_i^+ + \alpha_i^-) + C\sum_{i=1}^n \xi_i$$

制約条件 $\quad y_i f(\bm{x}_i) \geq 1 - \xi \qquad (30)$

$$\alpha_i^+, \alpha_i^-, \xi_i \geq 0 \qquad (31)$$

この方法により,識別性能を大きく下げずに,解のスパース性を大幅に向上させることができることが報告されている(Graepel *et al.*, 1999b).

3.3 カーネル判別分析

前節のように ℓ_1 ノルムを正則化項に用いれば,さまざまな手法にスパース性を付加することができる.本節では,長い歴史をもつ線形識別器である線形判別分析(Fukunaga, 1990)にスパース性を付加する方法について述べる.ここでは,まず,線形判別分析法をカーネルトリックを用いて,非線形に拡張し,その上でスパースにする.

(a) 線形判別分析

まず,線形判別分析法について説明する.この手法では,線形識別関数 $f(\bm{x}) = \bm{w}^\top \bm{x}$ によって,訓練サンプルを射影したとき,2クラスがもっとも分離されるように $\bm{w}$ を決定する.分離度は,次の Rayleigh 係数によって定義される.

$$J(\bm{w}) = \frac{\bm{w}^\top S_B \bm{w}}{\bm{w}^\top S_W \bm{w}} \qquad (32)$$

ここで,S_B, S_W は,それぞれクラス間,クラス内分散を表し,$\bm{m}_k$ をクラス k のサンプル平均,$\mathcal{I}_k$ をクラス k のインデックス集合とすると,次のように表される.

$$S_B = (\bm{m}_2 - \bm{m}_1)(\bm{m}_2 - \bm{m}_1)^\top$$
$$S_W = \sum_{k=1,2} \sum_{i \in \mathcal{I}_k} (\bm{x}_i - \bm{m}_k)(\bm{x}_i - \bm{m}_k)^\top$$

そして，w は，この分離度を最大にするように決定される．

$$\min_{w} -J(w) \tag{33}$$

カーネル特徴空間で線形判別分析を行うため，特徴空間での分離度を定義しよう．SVM と同様に，w を，特徴空間に写像された訓練サンプルの線形結合で表すと，

$$w = \sum_{i=1}^{n} \alpha_i \Phi(x_i) \tag{34}$$

となる．x_i を，$\Phi(x_i)$ で置き換え，w には，式(34)を代入すると，分離度は次のように書ける．

$$J(\alpha) = \frac{(\alpha^\top \mu)^2}{\alpha^\top N \alpha} = \frac{\alpha^\top M \alpha}{\alpha^\top N \alpha} \tag{35}$$

ここで，$\mu_k = \frac{1}{|\mathcal{I}_k|} K \mathbf{1}_k$，$N = KK^\top - \sum_{k=1,2} |\mathcal{I}_k| \mu_k \mu_k^\top$，$\mu = \mu_2 - \mu_1$，$M = \mu\mu^\top$，$K_{ij} = \Phi(x_i)^\top \Phi(x_j) = K(x_i, x_j)$ である．式(33)の最適化問題にスパース性を付加するために ℓ_1 ノルム正則化項を加えると，

$$\max_{\alpha} -J(\alpha) + \lambda \sum_{i=1}^{n} |\alpha_i| \tag{36}$$

この最適化問題は，次のように書きかえられる(Mika *et al.*, 2001)．

$$\min_{\alpha, b, \xi} \|\xi\|^2 + C \sum_{i=1}^{n} |\alpha_i| \tag{37}$$

$$\text{制約条件} \quad K\alpha + \mathbf{1}b = y + \xi$$

$$\mathbf{1}_k^\top \xi = 0 \ \text{ for } \ k = 1, 2$$

ここで，$\xi \in R^n$，$b, C \in R$ である．ξ, b は，補助的に用いられるスラック変数であり，C は λ に代わって正則化の度合を制御するためのパラメータである．カーネル線形判別分析におけるスパース化の効果は大きく，データセットによっては，パラメータ全体の 97% が 0 になった事例も報告されている(Mika *et al.*, 2001)．

他の手法に関しては，カーネル主成分分析のスパース化が報告されている(Tipping, 2001)．同様にして，因子分析，クラスタリングの諸手法などもスパース化できると考えられる．

3.4 ベイズポイントマシン

SVMの関連研究においては,大規模な問題に対応させるために,線形計画問題か,2次計画問題に帰着させるのが一般的であるが,理論的な立場から,より複雑な最適化を必要とするものもある.ここでは,そのなかから,ベイズポイントマシン(Bayes point machine)(Herbrich et al., 1999; Herbrich and Graepel, 2001)を紹介する.

ベイズポイントマシンは,線形識別器であるので,識別関数は式(11)で表される.ただし,$\|w\|=1$, $b=0$とする.このとき,すべての訓練サンプルを正しく分類するwの集合は,

$$\mathcal{V} = \{w | y_i f(x_i) > 0; i = 1, \cdots, n, \|w\| = 1\}$$

と表される.この集合$\mathcal{V}$は,バージョンスペース(version space)とよばれ(Herbrich et al., 1999),SVMの解は,バージョンスペースのTchebycheff中心($\mathcal{V}$に含まれる最大の球の中心)に対応することが知られている(Herbrich et al., 1999).しかし,理論的に最適な点は,ベイズポイントとよばれる点であり,これは,バージョンスペースの重心によってよく近似される(Opper and Haussler, 1991).バージョンスペースは,図6,図7のように,半径1の球の一部分として表される.もしも,バージョンスペースが図6のような形をしていれば,SVMの解は,重心と近くなるが,図7のように,1方向に長い形をしていると,SVMの解は,重心から遠くなってしまう.ベイズポイントマシンでは,この問題に対処するため,Billiard法(Ruján, 1996)を用いてバージョンスペースの中心を近似的に求める.この方法は,いくつかのベンチマークでSVMを上回る結果を出している(Herbrich et al., 1999).

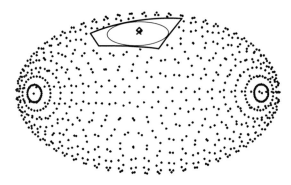

図 6 SVM がうまく働くバージョンスペースの例．重心(◇)が SVM の解(×)に近い(Herbrich *et al.*, 1999)．

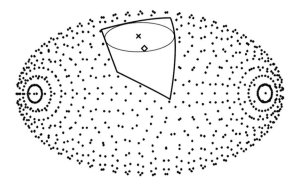

図 7 SVM がうまく働かないバージョンスペースの例．バージョンスペースが1方向に長く，重心(◇)は，SVM の解(×)から離れている(Herbrich *et al.*, 1999)．

3.5 スパースカーネル回帰分析

カーネル関数を回帰分析に用いる試みは，Naradaya-Watson 法(Schimek, 2000)をはじめとして，かなり以前から一般的に行われている(Wahba, 1990)．しかし，最近になってスパース性を回帰分析に持ち込む方法が提案されているので，ここではそれを紹介する．スパースな解を導く1つの方法は，ℓ_2 正則化と，ε-insensitive 損失関数を用いる方法(Vapnik, 1998)で

あるが，この方法ではあまりスパースな解が得られず，性能も他の方法と大差ないことが知られている(Roth, 2001)．それに対し，ℓ_1 正則化を用いる方法(Roth, 2001; Tsuda et al., 2002; Tibshirani, 1996)では，非常にスパースな解が得られるので，こちらを紹介する．

スパースカーネル回帰分析の回帰関数は次のように表される．

$$f_\theta(x) = \sum_{i=1}^n \theta_i K(x, x_i) \qquad (38)$$

これは，各訓練サンプルを中心とするカーネル関数の重みつき和であり，各重みパラメータ θ_i が学習の対象となる．ここで，損失関数は次のように表される．

$$L_r = \frac{1}{n}\sum_{i=1}^n (f_\theta(x_i) - y_i)^2 + \lambda \sum_{i=1}^n |\theta_i| \qquad (39)$$

基本的な部分は，推定値 $f_\theta(x_i)$ と訓練サンプルの y_i の2乗誤差であり，そこに ℓ_1 ノルムの正則化項が足されている．L_r を最小にする θ を求める最適化問題は，2次計画問題に帰着させることができる(Tsuda et al., 2002)．

4 教師なし学習のカーネル法

教師なし学習においては，入力 $x_1, \cdots, x_n$ のみが与えられ，出力は与えられない．ここでの目的は，与えられた点集合からなんらかの構造を見つけ出すことである．代表的な手法としては，クラスタリング(Jain and Dubes, 1988)，確率密度推定(Fukunaga, 1990)，主成分分析(Fukunaga, 1990)が挙げられる．教師なし学習においても，学習アルゴリズムが内積だけを用いて表現される場合には，容易にカーネルと組み合わせることができる．ここでは，カーネルトリックを用いて得た，有用なアルゴリズムを2つ紹介する．

4.1 カーネル主成分分析

主成分分析のアイデアを図8に示す．d 次元の空間に n 個の点が与えられたとき，主成分分析は，もっともデータをうまく表現する k 個の正規直交基底を抽出する．このとき，各点を主成分分析が生成した基底の成す k 次元部分空間に射影すると，他のどの k 次元部分空間よりも，2乗誤差が小さくなる．主成分分析の目的は，データの本質的な構造を残しながら，次元数を減少させることにある．しかし，主成分分析は線形のアルゴリズムであるので，データが非線形の構造をもっている場合には，有効でない（図8）．そこで，カーネルトリックを用いて非線形な主成分分析を得ようとい

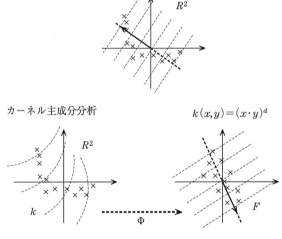

図8 カーネル主成分分析では，カーネル関数を用いて，高次元の特徴空間で主成分分析を行う．上図のように曲線上にサンプルが乗っていて，線形の主成分分析ではうまく主成分で表現できないような場合でも，適当な非線形な写像を用いて特徴空間に写像することによって，サンプルが直線上に乗り，有効な主成分が抽出できる場合がある（Schölkopf, Smola and Müller, 1998）．

う発想が生まれてくる．

特徴空間における点集合 $\Phi(\boldsymbol{x}_1),\cdots,\Phi(\boldsymbol{x}_n)$ の k 個の主成分 $V=[\boldsymbol{v}_1,\cdots,\boldsymbol{v}_k]$ は，各点の線形結合で表され，

$$\boldsymbol{v}_j = \sum_{i=1}^n u_{ij}\Phi(\boldsymbol{x}_i)$$

と表される．正規直交性より，$V^\top V = I$ なので，行列 $U=[u_{ij}]$ に関して，次の制約が導かれる．

$$U^\top K U = I$$

ここで，$K_{ij}=\Phi(\boldsymbol{x}_i)^\top\Phi(\boldsymbol{x}_j)=K(\boldsymbol{x}_i,\boldsymbol{x}_j)$ である．カーネル主成分分析は，次の最適化問題として表される(Schölkopf, Smola and Müller, 1998; Tsuda, 1999a)．

$$\max_U \sum_{i=1}^n \|U^\top \boldsymbol{k}_i\|^2$$
$$\text{制約条件}\quad U^\top K U = I$$

ここで，$\boldsymbol{k}_i$ は，K の第 i 列ベクトルである．この最適化は，基底 V の成す部分空間上に写像された各点のノルムの2乗和の最大化に対応している．ここで，a_i, η_i を，K の第 i 固有ベクトルおよび固有値とすると，この問題の解は

$$U = AL$$
$$A = (a_1,\cdots,a_k)$$
$$L = \text{diag}\left(\frac{1}{\sqrt{\eta_1}},\cdots,\frac{1}{\sqrt{\eta_k}}\right)$$

のように与えられる．一般の主成分分析では，$d\times d$ の行列の固有値問題を解くのに対し，カーネル主成分分析では，$n\times n$ の行列の固有値問題を解くことになり，$n\gg d$ の場合には，多くの計算時間を要する．その代わり，カーネル主成分分析は，ノイズ除去などに優れた性能を発揮することが知られている(Mika, Schölkopf *et al.*, 1999; Schölkopf, Burges and Smola, 1999; Rosipal *et al.*, 2000)．また，カーネル主成分分析を，分類問題に適用したカーネル部分空間法も提案されている(Tsuda, 1999a; 前田，村瀨，1999; Murata and Onoda, 2001)．

4.2 1クラスSVM

確率密度推定は,教師なし学習の重要な1分野である(Fukunaga, 1990).ここでは,サンプル点 $x_1, \cdots, x_n \in R^d$ が未知の確率分布から独立にサンプリングされたと仮定し,確率密度関数 $p(x)$ を推定する.確率密度関数を正確に推定するのは一般に困難であるが,場合によっては,確率密度全体を推定する必要がない場合もある.たとえば,はずれ点検出(outlier detection)の問題では,密度が低い部分にある点を検出することが課題になる(Schölkopf et al., 2001).この問題は,もちろん通常の密度推定によっても解くことができるが,多くの点を含む入力空間内の領域(サポート)を特定し,その領域に入っていない点を検出することもできる.

1クラスSVMは,サンプル点のサポートを求めるためのカーネル法である(Schölkopf et al., 2001).基本的なアイデアを図9に示す.ここでは,ガウシアンカーネルを用いて特徴空間への写像を行うと,入力空間で他から孤立しているはずれ点は,特徴空間の原点近くに写像されるという性質

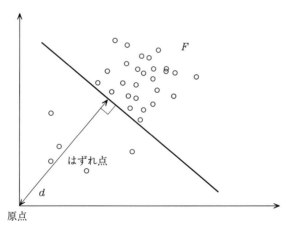

図9 1クラス分類の基本的なアイデア.式(40)の問題を解くことにより,超平面が原点とサンプル集合の間に形成される.このとき,割合 ν のサンプルが原点側に残される.

を利用し，原点とサンプル群を分けるような超平面を用いる．超平面の位置は，あらかじめ決められた割合 $\nu \in (0, 1]$ のサンプル群が原点側に残るように設定される．そのような超平面を求めるには，識別関数を

$$f(\boldsymbol{x}) = \mathrm{sign}(\boldsymbol{w}^\top \Phi(\boldsymbol{x}) - \rho)$$

とすると，次の 2 次計画問題を解けばよい（Schölkopf $et~al.$, 2001）．

$$\min_{w \in F, \xi \in R^n, \rho \in R} \frac{1}{2}\|\boldsymbol{w}\|^2 + \frac{1}{\nu n}\sum_i \xi_i - \rho \tag{40}$$

制約条件　$\boldsymbol{w}^\top \Phi(\boldsymbol{x}_i) \geq \rho - \xi_i, \quad \xi_i \geq 0$ \tag{41}

この学習問題をカーネルトリックを用いて非線形に拡張すると，識別関数は，

$$f(\boldsymbol{x}) = \mathrm{sign}\left(\sum_i \alpha_i K(\boldsymbol{x}_i, \boldsymbol{x}) - \rho\right)$$

となり，学習問題は，

$$\min_{\alpha} \frac{1}{2}\sum_{i,j}\alpha_i \alpha_j K(\boldsymbol{x}_i, \boldsymbol{x}_j) \tag{42}$$

制約条件　$0 \leq \alpha_i \leq 1/(\nu n), \quad i = 1, \cdots, n$

$$\sum_{i=1}^n \alpha_i = 1$$

となる．この学習問題の解に対しては，次の 3 つの性質が成り立つ（Schölkopf $et~al.$, 2001）．

(1) ν は，はずれ点（原点側にあるサンプル）の割合の上限である．

(2) ν は，サポートベクターの割合の上限である．

(3) カーネル K が解析的で定数でなく，サンプル集合がある確率分布 $P(\boldsymbol{x})$ から独立に生成されたとすると，n が無限大に近づくとき，はずれ点の割合と，サポートベクターの割合は，ν に確率収束する．

2 次元の点集合に適用した例を図 10 に示す．実際の応用としては，手書き文字データのはずれ点検出に用いた例がある（Schölkopf $et~al.$, 2001）．

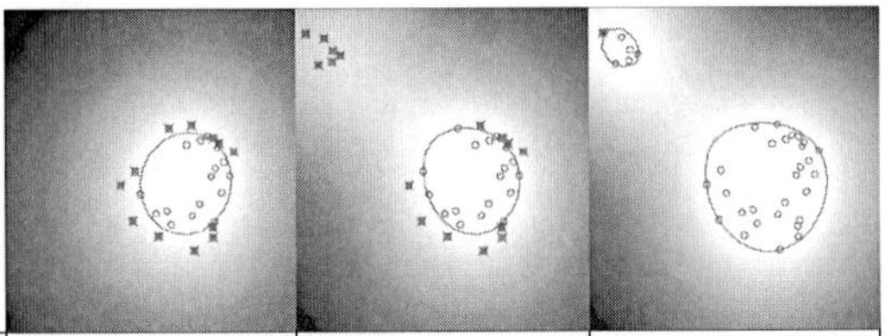

ν	0.5	0.5	0.1
はずれ点の割合	0.43	0.47	0.03

図 10 ガウシアンカーネルに基づく1クラスSVMの適用例．図中の実線は1クラスSVMによって得られた識別面を表す．左図，中図では，$\nu=0.5$と指定され，はずれ点の割合も近くなっている．右図のように$\nu=0.1$まで小さくすると，はずれ点の割合も，それに応じて小さくなって，左角にある小さなクラスタも識別面内に含まれるようになる（Schölkopfら（2001）より編集して転載）．

5 事前知識を反映したカーネル

ここまでは，カーネル関数が与えられたという仮定のもとで，データを処理する方法について議論してきた．本章では，その根幹であるカーネル関数を，事前知識から設計する方法について述べる．

5.1 不変性をもつカーネルの設計

画像からの文字認識においては，回転や拡大縮小に関する不変性が大きな問題となる．純粋に画像として見た場合，回転した文字は，元の文字に比べてまったく異なるパターンを示す．しかし，回転していてもその文字の意味はまったく変わらないので，学習機械の立場からは，2つの画像を似たものであると見なすことが望ましい．カーネル法の立場から言い換え

れば，回転した 2 つの文字の間のカーネル関数の値が大きくなることが望ましい．このような不変性を考慮に入れたカーネル関数には，いくつかの例があるが(Simard et al., 1993; Schölkopf et al., 1996; Schölkopf, Simard et al., 1998)，ここでは，Burges(1999)による理論を紹介する．

まず，不変性を定式化するところから始めよう．SVM をはじめとするカーネル法の識別関数は，一般に

$$f(\boldsymbol{x}) = \sum_{q=1}^{m} w_q k_q(\boldsymbol{x}) + b$$

とカーネル関数の線形結合で表される．表記を簡単にするため，$k_q(\boldsymbol{x}) := k(\boldsymbol{x}, \boldsymbol{x}_q)$ と定義した．ここでは，f の値が，$\boldsymbol{x}$ に変換を施しても不変であるように k を設計することを考える．$\boldsymbol{x}$ に変換を施して $\boldsymbol{x}'$ を得たとしよう．このとき，f の変化は，

$$\rho(\boldsymbol{x}, \boldsymbol{x}') = \sum_{q=1}^{m} w_q (k_q(\boldsymbol{x}) - k_q(\boldsymbol{x}'))$$

$\boldsymbol{x}$ の変化が微小だとすると($\boldsymbol{x}' = \boldsymbol{x} + d\boldsymbol{x}$)，

$$d\rho = \sum_{q=1}^{n} \sum_{i=1}^{d} w_q dx_i \frac{\partial}{\partial x_i} k_q(\boldsymbol{x})$$

この $d\rho$ がすべての $\boldsymbol{w}$ に関して 0 とおくと，次の連立方程式を得る．

$$\sum_{i=1}^{d} dx_i \frac{\partial}{\partial x_i} k_q(\boldsymbol{x}) = 0, \quad q = 1, \cdots, m \tag{43}$$

ここで，次のような 1 パラメータの変換 t を考える．

$$x_i' = x_i + \alpha t_i(\boldsymbol{x}), \quad \alpha \in R$$

このとき，$\alpha \to 0$ の極限で，式(43)は次のように書ける．

$$\sum_{i=1}^{d} t_i(\boldsymbol{x}) \frac{\partial}{\partial x_i} k_q(\boldsymbol{x}) = 0, \quad q = 1, \cdots, m \tag{44}$$

したがって，次の微分方程式

$$\sum_{i=1}^{d} t_i(\boldsymbol{x}) \frac{\partial}{\partial x_i} u(\boldsymbol{x}) = 0 \tag{45}$$

を満たす u の集合(一般解)を求めてその集合の中から m 個のカーネル $k_q(\boldsymbol{x})$ を選べば，変換 t に関して(局所的に)不変な識別関数を実現することがで

きる.

ここでは,簡単な問題を例にとって実際に u を求めてみよう. $\boldsymbol{x} = (x_0, x_1, x_2, x_3) \in R^4$ を横に 4 点が並んだ画像とし,これを左に 1 点ずつずらす変換を考える.

$$x'_i = (1-\alpha)x_i + \alpha x_{i+1}, \quad i = 0, 1, 2, 3, \quad \alpha \in [0,1]$$

ここで簡単のため左端の点は右端に現れるとする $(x_4 = x_0)$. この式は, $\alpha = 1$ のとき 1 点ずつ左にずれる変換に対応し, $\alpha < 1$ の場合には,隣接する点が混ぜ合わされる形になる.このとき,微分方程式(45)は,

$$\sum_{i=0}^{3}(x_{i+1} - x_i)\frac{\partial}{\partial x_i}u(\boldsymbol{x}) = 0$$

となる.この一般解は次のように求められる.

$$u(\boldsymbol{x}) = F(v_0, v_1, v_2)$$

ここで, F は任意の C^1 級の関数であり,

$v_0 = x_0 + x_1 + x_2 + x_3$

$$v_1 = \log\left(\frac{x_0 - x_1 + x_2 - x_3}{(x_0 - x_2)^2 + (x_3 - x_1)^2}\right)$$

$$v_2 = \arctan\left(\frac{x_3 - x_1}{x_0 - x_2}\right) + \frac{1}{2}\log((x_0 - x_2)^2 + (x_3 - x_1)^2)$$

である.したがって, v_1, v_2, v_3 の関数である限り,どのように $k_q(\boldsymbol{x})$ を選んでも変換に対しての不変性が得られることがわかる.

ここで紹介したのは,一般的な理論であって,これを実際の応用に結びつけるには,それぞれの対象の性質に関してさらなる考察が必要になる.たとえば,実際に文字認識の問題に特化して,局所不変なカーネルをつくった例が Schölkopf, Simard ら(1998)に報告されている.

5.2 DNA 配列における実例

DNA の配列は,4 種類の残基(A, C, G, T)からなる記号列として表される.しかし,記号列全体がタンパク質のコーディングに使われているわけではなく,翻訳されない領域と,翻訳される領域(コード配列)Coding

Sequence(CDS)とに分けることができる．計算論的生物学においては，DNAの中から，CDSが始まる点，つまり，翻訳開始点を探すことが1つの重要な課題となっている．翻訳開始点は，ATGという3つの記号から始まることがわかっているが，すべてのATGが翻訳開始点に対応しているわけではない．そこで，決まった大きさの窓でATGの周辺を切り取り，それを識別器を用いて翻訳開始点かどうかを識別するという研究がなされていて，これまでにニューラルネットを用いたもの(Pedersen and Nielsen, 1997)や，SVMを用いたもの(Zien et al., 2000)が提案されている．SVMを使った研究では，生物学的な知識を生かしたカーネル関数がいくつか提案されている．これらのカーネル関数は事前知識をうまく生かしているので，ここで紹介することにしよう．

翻訳開始点の統計的な性質に関しては，比較的近い位置にある残基どうしの相関が，遠い残基どうしの相関よりも強いことがわかっている．Locality-Improved Kernel(LIK)は，そのような知識を反映させたカーネルである(Zien et al., 2000)．長さ m の記号列 $\boldsymbol{x}, \boldsymbol{y}$ の間のLIKの計算方法を説明しよう．まず，位置 p を中心とした $2l+1$ の長さの窓を用いて，2つの記号列を比較する．窓の中で一致する残基の数に，遠ざかるほど小さくなる重み w_j を掛けて足し合わせ，それを d_1 乗したものを

$$\mathrm{win}_p(\boldsymbol{x}, \boldsymbol{y}) = \left(\sum_{j=-l}^{+l} w_j \, \mathrm{match}_{p+j}(\boldsymbol{x}, \boldsymbol{y}) \right)^{d_1} \quad (46)$$

とおく．ここで，$\mathrm{match}_{p+j}(\boldsymbol{x}, \boldsymbol{y})$ は，位置 $p+j$ の残基が位置 p の残基と等しければ1，そうでなければ0となる関数であり，d_1 は，どの程度近傍の情報を考慮するかを制御するパラメータである．LIKは，$\mathrm{win}_p(\boldsymbol{x}, \boldsymbol{y})$ を各位置 p に関して足し合わせ，さらに d_2 乗したものとして定義される．

$$K(\boldsymbol{x}, \boldsymbol{y}) = \left(\sum_{p=l+1}^{m-l} \mathrm{win}_p(\boldsymbol{x}, \boldsymbol{y}) \right)^{d_2}$$

このカーネルは多項式カーネル

$$K(\boldsymbol{x}, \boldsymbol{y}) = \left(\sum_{p=1}^{m} \mathrm{match}_p(\boldsymbol{x}, \boldsymbol{y}) \right)^{d_1}$$

と比べ，同じ位置の残基だけでなく，近傍の残基も考慮に入れていること

がわかる．

LIK に，さらに事前知識を加えるための 1 つの方法として，記号列を実数列に変換することが考えられる．$s_p(\boldsymbol{x})$, $p=1,\cdots,d$ を Salzberg(1997) の方法によるスコア関数とすると，この変換は

$$(x_1,\cdots,x_d)^\top \to (s_1(\boldsymbol{x}),\cdots,s_d(x))^\top$$

と表される．変換された実数列に基づいて LIK を定義すると，式(46)は，

$$\mathrm{win}_p(\boldsymbol{x},\boldsymbol{y}) = \left(\sum_{j=-l}^{+l} w_j s_{p+j}(\boldsymbol{x}) s_{p+j}(\boldsymbol{y})\right)^{d_1} \qquad (47)$$

となる．このようにして求められるカーネルは Salzberg カーネルとよばれる(Zien et al., 2000)．表 1 に翻訳開始点の検出実験結果を示す．事前知識を入れて改良したカーネルのほうが単なる多項式カーネルよりも良い結果をもたらすことがわかる．

表 1 翻訳開始点識別実験における誤識別率の比較．各手法のパラメータは実験的に最適になるように設定された(詳しくは Zien ら(2000)を参照)．

アルゴリズム	パラメータ	誤識別率
neural network		15.4%
Salzberg method		13.8%
SVM, 多項式カーネル	$d_1=1$	13.2%
SVM, Locality-Improved Kernel	$d_1=4$, $l=4$	11.9%
SVM, Salzberg Kernel	$d_1=3$, $l=1$	11.4%

本稿では，カーネル法の中でも，主な手法に関して紹介を行った．理論的に深い部分に関してよりも，実際的な利点について多く述べたつもりである．本稿によってカーネル法に興味を持たれた方は，ぜひ実際のデータで試していただきたい．

カーネル法に関する成書としては，Vapnik(1998), Cristianini と Shawe-Taylor(2000), Schölkopf と Smola(2002)がある．また，英語による解説記事としては，Burges(1998), Schölkopf, Mika ら(1999), Müller ら(2001)があり，日本語によるものには，津田(2000)，赤穂と津田(2000)，前田(2001)がある．また，http://www.kernel-machines.org/ には，カーネル法に関するさまざまなリソースがそろっている．

参考文献

サポートベクターマシンについては,Boser ら(1992),Cortes と Vapnik(1995),Vapnik(1995),Vapnik(1998),Schölkopf(1997),カーネル判別分析については,Mika, Rätsch ら(1999),Mika ら(2000),Roth と Steinhage(2000),Baudat と Anouar(2000),カーネル主成分分析については,Schölkopf, Smola と Müller(1998),Mika, Schölkopf ら(1999)などの文献が参考になる.カーネル法の応用分野として,物体認識については,LeCun ら(1995),Burges と Schölkopf(1997),DeCoste と Schölkopf(2002),Blanz ら(1996),Roobaert と Hulle(1999),テキスト分類については,Joachims(1998),Dumais ら(1998),Drucker ら(1999),時系列予測については,Müller ら(1997),Mattera と Haykin(1999),Mukherjee ら(1997),DNA やタンパク質の解析については,Zien ら(2000),Jaakkola ら(2000),Haussler(1999)が参考になる.

赤穂昭太郎,津田宏治(2000): サポートベクターマシン: 基本的仕組みと最近の発展.数理科学,**38**(6), 52-58.
Anthony, M. (1997): Probabilistic analysis of learning in artificial neural networks: The PAC model and its valiants. *Neural Computing Surveys*, **1**, 1-47.
Baudat, G. and Anouar, F. (2000): Generalized discriminant analysis using a kernel approach. *Neural Computation*, **12**(10), 2385-2404.
Bennett, K. and Mangasarian, O. (1992): Robust linear programming discrimination of two linearly inseparable sets. *Optimization Methods and Software*, **1**, 23-34.
Blanz, V., Schölkopf, B., Bülthoff, H., Burges, C., Vapnik, V. and Vetter, T. (1996): Comparison of view-based object recognition algorithms using realistic 3D models. Artificial Neural Networks——ICANN 1996. In C. von der Malsburg, W. von Seelen, J. C. Vorbrüggen and B. Sendhoff(eds.): Springer Lecture Notes in Computer Science. Vol. 1112, Springer Verlag, pp. 251-256.
Boser, B., Guyon, I. and Vapnik, V. (1992): A training algorithm for optimal margin classifiers. *Proceedings of the 5th Annual ACM Workshop on Computational Learning Theory*. 144-152.
Burges, C. (1998): A tutorial on support vector machines for pattern recognition. *Knowledge Discovery and Data Mining*, **2**(2), 121-167.
Burges, C. (1999): Geometry and invariance in kernel based methods. In B. Schölkopf, C. Burges and A. Smola (eds.): Advances in Kernel Methods——Support Vector Learning. MIT Press, pp. 89-116.
Burges, C. and Schölkopf, B. (1997): Improving the accuracy and speed of

support vector learning machines. In M. Mozer, M. Jordan and T. Petsche (eds.): Advances in Neural Information Processing Systems 9. MIT Press, pp. 375-381.

Cortes, C. and Vapnik, V. (1995): Support vector networks. *Machine Learning*, **20**, 273-297.

Cristianini, N. and Shawe-Taylor, J. (2000): An Introduction to Support Vector Machines. Cambridge University Press.

DeCoste, D. and Schölkopf, B. (2002): Training invariant support vector machines. *Machine Learning*, **46**(4), 161-190.

Drucker, H., Wu, D. and Vapnik, V. (1999): Support vector machines for span categorization. *IEEE Transactions on Neural Networks*, **10**(5), 1048-1054.

Dumais, S., Platt, J., Heckerman, D. and Sahami, M. (1998): Inductive learning algorithms and representations for text categorization. 7th International Conference on Information and Knowledge Management.

Fukunaga, K. (1990): Introduction to Statistical Pattern Recognition, 2nd edition. Academic Press: San Diego.

Girosi, F., Jones, M. and Poggio, T. (1995): Regularization theory and neural networks architectures. *Neural Computation*, **7**(2), 219-269.

Graepel, T., Herbrich, R., Bollmann-Sdorra, P. and Obermayer, K. (1999a): Classification on pairwise proximity data. *Advances in Neural Information Processing Systems*, **11**, 438-444.

Graepel, T., Herbrich, R., Schölkopf, B., Smola, A., Bartlett, P., Müller, K.-R., Obermayer, K. and Williamson, R. (1999b): Classification on proximity data with LP-machines. *Proceedings of ICANN'99*. **1**, 304-309.

Haussler, D. (1999): Convolution kernels on discrete structures. Technical Report UCSC-CRL-99-10, UC Santa Cruz.

Haykin, S. (1994): Neural Networks : A Comprehensive Foundation. Macmillan: New York.

Herbrich, R. and Graepel, T. (2001): Large scale Bayes point machines. *Advances in Neural Information Processing Systems*, **13**, 528-534.

Herbrich, R., Graepel, T. and Campbell, C. (1999): Bayes point machines: Estimating the Bayes point in kernel space. *Proceedings of IJCAI Workshop Support Vector Machines,* 23-27.

茨木俊秀，福島雅夫(1993)：最適化の手法．共立出版．

石井健一郎，上田修功，前田英作，村瀬洋(1998)：わかりやすいパターン認識．オーム社．

Jaakkola, T. and Haussler, D. (1999): Exploiting generative models in discriminative classifiers. *Advances in Neural Information Processing Systems*, **11**, 487-493.

Jaakkola, T., Diekhans, M. and Haussler, D. (2000): A discriminative framework for detecting remote protein homologies. *Journal of Computational Biology*, **7**, 95-114.

Jain, A. and Dubes, R. (1988): Algorithms for Clustering Data. Prentice Hall.

Joachims, T. (1998): Text categorization with support vector machines: Learning with many relevant features. *Proceedings of the European Conference on Machine Learning.* 137-142.

Jordan, M.(ed.) (1998): Learning in Graphical Models. MIT Press.

LeCun, Y., Jackel, L., Bottou, L., Brunot, A., Cortes, C., Denker, J., Drucker, H., Guyon, I., Müller, U., Säckinger, E., Simard P. and Vapnik, V. (1995): Learning algorithms for classification: A comparison on handwritten digit recognition. In J. H. Oh, C. Kwon and S. Cho(eds.): Neural Networks: The Statistical Mechanics Perspective. World Scientific Publishing, pp. 261-276.

前田英作(2001): 痛快！サポートベクトルマシン. 情報処理, **42**(7), 676-683.

前田英作, 村瀬洋(1999): カーネル非線型部分空間法によるパターン認識. 信学論, **J82-D-II**(4), 600-612.

Mate, L. (1989): Hilbert Space Methods in Science and Engineering. Adam Hilger.

Mattera, D. and Haykin, S. (1999): Support vector machines for dynamic reconstruction of a chaotic system. In B. Schölkopf, C. Burges and A. Smola (eds.): Advances in Kernel Methods――Support Vector Learning. MIT Press, pp. 211-242.

Melzer, T., Reiter, M. and Bischof, H. (2001): Nonlinear feature extraction using generalized canonical correlation analysis. Artificial Neural Networks―― ICANN 2001. In G. Dorffner, H. Bischof and K. Hornik (eds.): Springer Lecture Notes in Computer Science. Vol. 2130, Springer Verlag, pp. 353-360.

Mika, S., Rätsch, G., Weston, J., Schölkopf, B. and Müller, K.-R. (1999): Fisher discriminant analysis with kernels. In Y.-H. Hu, J. Larsen, E. Wilson and S. Douglas (eds.): Neural Networks for Signal Processing IX. IEEE, pp. 41-48.

Mika, S., Schölkopf, B., Smola, A., Müller, K.-R., Scholz, M. and Rätsch, G. (1999): Kernel PCA and de-noising in feature spaces. *Advances in Neural Information Processing Systems*, **11**, 536-542.

Mika, S., Rätsch, G., Weston, J., Schölkopf, B., Smola, A. and Müller, K.-R. (2000): Invariant feature extraction and classification in kernel spaces. *Advances in Neural Information Processing Systems*, **12**, 526-532.

Mika, S., Rätsch, G. and Müller, K.-R. (2001): A mathematical programming approach to the kernel Fisher algorithm. *Advances in Neural Information Processing Systems*, **13**, 591-597.

Mukherjee, S., Osuna, E. and Girosi, F. (1997): Nonlinear prediction of chaotic time series using a support vector machine. In J. Principe, L. Gile, N. Morgan and E. Wilson (eds.): Neural Networks for Signal Processing VII——Proceedings of the 1997 IEEE Workshop. IEEE, pp. 511-520.

Müller, K.-R., Smola, A., Rätsch, G., Schölkopf, B., Kohlmorgen, J. and Vapnik, V. (1997): Predicting time series with support vector machines. Artificial Neural Networks——ICANN 1997. In W. Gerstner, A. Germond, M. Hasler and J.-D. Nicoud (eds.): Springer Lecture Notes in Computer Science. Vol. 1327, Springer Verlag, pp. 999-1004.

Müller, K.-R., Mika, S., Rätsch, G., Tsuda, K. and Schölkopf, B. (2001): An introduction to kernel-based learning algorithms. *IEEE Transactions on Neural Networks*, **12**(2), 181-201.

Murata, H. and Onoda, T. (2001): Applying kernel based subspace classification to a non-intrusive monitoring of household electric appliances. Artificial Neural Networks——ICANN 2001. In G. Dorffner, H. Bischof, K. Hornik (eds.): Springer Lecture Notes in Computer Science. Vol. 2130, Springer Verlag, pp. 692-698.

Opper, M. and Haussler, D. (1991): Generalization performance of Bayes optimal classification algorithm for learning a perceptron. *Physical Review Letters*, **66**, 2677.

Osuna, E., Freund, R. and Girosi, F. (1997): An improved training algorithm for support vector machines. In J. Principe, L. Gile, N. Morgan and E. Wilson (eds.): Neural Networks for Signal Processing VII——Proceedings of the 1997 IEEE Workshop. IEEE, pp. 276-285.

Pedersen, A. and Nielsen, H. (1997): Neural network prediction of translation initiation sites in eukaryotes: Perspectives for EST and genome analysis. Proceedings of the Fifth International Conference on Intelligent Systems for Molecular Biology, pp. 226-233.

Platt, J. (1999): Fast training of support vector machines using sequential minimal optimization. In B. Schölkopf, C. Burges and A. Smola (eds.): Advances in Kernel Methods——Support Vector Learning. MIT Press, pp. 185-208.

Rabiner, L. (1989): A tutorial on hidden Markov models and selected applications in speech recognition. *Proceedings of the IEEE*, **77**(2), 257-285.

Roobaert, D. and Hulle, M. V. (1999): View-based 3D object recognition with support vector machines. Proceedings of the IEEE International Workshop on 1999, pp.77-84.

Rosipal, R., Girolami, M. and Trejo, L. (2000): Kernel PCA feature extraction of event——related potentials for human signal detection performance. In H. Malmgren, M. Borga and L. Niklasson (eds.): Proceedings of Intl. Conf. on Artificial Neural Networks in Medicine and Biology, pp. 321-326.

Roth, V. (2001): Sparse kernel regressors. Artificial Neural Networks——ICANN 2001. In G. Dorffner, H. Bischof, K. Hornik (eds.): Springer Lecture Notes in Computer Science. Vol. 2130, Springer Verlag, pp. 339-346.

Roth, V. and Steinhage, V. (2000): Nonlinear discriminant analysis using kernel functions. In S. Solla, T. Leen and K.-R. Müller (eds.): Advances in Neural Information Processing Systems 12. MIT Press, pp. 568-574.

Ruján, P. (1996): Playing billiard in version space. *Neural Computation*, **9**, 197-238.

Salzberg, S. (1997): A method for identifying splice sites and translational start sites in eukaryotic mRNA. *Computational Applied Bioscience*, **13**(4), 365-376.

Schimek, M. (ed.) (2000): Smoothing and Regression: Approaches, Computation, and Application. Wiley.

Schölkopf, B. (1997): Support Vector Learning. Oldenbourg Verlag: Munich.

Schölkopf, B., Burges, C. and Vapnik, V. (1996): Incorporating invariances in support vector learning machines. Artificial Neural Networks——ICANN1996. In C. von der Malsburg, W. von Seelen, J. C. Vorbrüggen and B. Sendhoff (eds.): Springer Lecture Notes in Computer Science. Vol. 1112, Springer Verlag, pp. 47-52.

Schölkopf, B., Simard, P., Smola, A. and Vapnik, V. (1998): Prior knowledge in support vector kernels. *Advances in Neural Information Processing Systems*, **10**, 640-646.

Schölkopf, B., Smola, A. and Müller, K.-R. (1998): Nonlinear component analysis as a kernel eigenvalue problem. *Neural Computation*, **10**, 1299-1319.

Schölkopf, B., Burges, C. and Smola, A. (1999): Advances in Kernel Methods—— Support Vector Learning. MIT Press.

Schölkopf, B., Mika, S., Burges, C., Knirsch, P., Müller, K.-R., Rätsch, G. and Smola, A. (1999): Input space vs. feature space in kernel-based methods. *IEEE Transactions on Neural Networks*, **10**(5), 1000-1017.

Schölkopf, B., Platt, J., Shawe-Taylor, J., Smola, A. and Williamson, R. (2001): Estimating the support of a high-dimensional distribution. *Neural Computation*, **13**, 1443-1471.

Schölkopf, B. and Smola, A. J. (2002): Learning with Kernels. MIT Press.

Simard, P., LeCun, Y. and Denker, J. (1993): Efficient pattern recognition using a new transformation distance. In S. J. Hanson, J. D. Cowan and C. L. Giles (eds.): Advances in Neural Information Processing Systems 5. Morgan Kaufmann: San Mateo, CA, pp. 50-58.

Smola, A., Schölkopf, B. and Müller, K.-R. (1998): The connection between regularization operators and support vector kernels. *Neural Networks*, **11**, 637-649.

Sollich, P. (1999): Probabilistic interpretations and Bayesian methods for support vector machines. *Proceedings of ICANN'99*, 91-95.

Tibshirani, R. (1996): Regression shrinkage and selection via the LASSO. *Journal of Royal Statistical Society*, **B58**(1), 267-288.

Tipping, M. (2001): Sparse kernel principal component analysis. *Advances in Neural Information Processing Systems*, **13**, 633-639.

Tsuda, K. (1999a): Subspace classifier in the Hilbert space. *Pattern Recognition Letters*, **20**, 513-519.

Tsuda, K. (1999b): Support vector classifier based on asymmetric kernel function. *Proc. 7th European Symposium Artificial Neural Networks*, 183-188.

津田宏治(2000): サポートベクターマシンとは何か. 電子情報通信学会誌, **83**(6), 460-466.

Tsuda, K., Kawanabe, M., Rätsch, G., Sonnenburg, S. and Müller, K.-R. (2002): A new discriminative kernel from probabilistic models. *Advances in Neural Information Processing Systems*, **14**, 977-984.

Tsuda, K., Sugiyama, M. and Müller, K.-R. (2002): Subspace information criterion for non-quadratic regularizers——model selection for sparse regressors. *IEEE Transactions on Neural Networks*, **13**(4), 70-80.

Vapnik, V. (1995): The Nature of Statistical Learning Theory. Springer Verlag: New York.

Vapnik, V. (1998): Statistical Learning Theory. Wiley: New York.

Wahba, G. (1990): Splines Models for Observational Data. Series in Applied Mathematics, Vol. 59, SIAM: Philadelphia.

Zien, A., Rätsch, G., Mika, S., Schölkopf, B., Lengauer, T. and Müller, K.-R. (2000): Engineering support vector machine kernels that recognize translation initiation sites. *BioInformatics*, **16**(9), 799-807.

III

推定量を組み合わせる

バギングとブースティング

村田 昇

目　次

1　何が問題か　141
2　組み合わせの方法　147
　　2.1　弱仮説と多数決　147
　　2.2　構造とアルゴリズムによる分類　150
　　2.3　ベンチマークによる比較　154
3　モデルの拡大　157
　　3.1　大域的な拡大　158
　　3.2　局所的な拡大　168
4　バギング　175
　　4.1　ブートストラップ法　175
　　4.2　バギング　178
5　ブースティング　184
　　5.1　フィルタによるブースティング　184
　　5.2　AdaBoost　193
　　5.3　AdaBoost の損失関数　198
　　5.4　訓練誤差の性質　201
　　5.5　汎化誤差の性質　203
　　5.6　ブースティングの幾何学的構造　211
関連図書　220

1 何が問題か

多くの工学的応用では，ある変数 x を観測し，それに対して適切な反応 y を推測するといった問題にしばしば直面する．

たとえば紙面に書かれた手書き文字が何という文字であるかを判別する文字認識の問題を考えてみよう(図 1)．

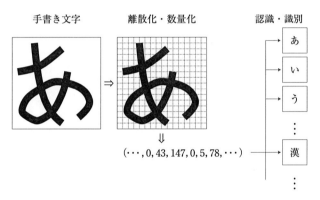

図 1　文字認識問題．書かれた文字を離散化・数量化して計算機上に取り込み，何という文字であるか判別・認識する．

この問題を計算機で扱うためには，まず文字として描かれた図形を数値化しなくてはならない．この数値化は通常スキャナなどの機器を用いて行われる．スキャナはまず文字の書かれた領域を細かく分割し，各区画の中の色の濃さを計測することによって，紙の上の文字をベクトル値に変換している．たとえば 1 文字を 16×16 の画素(pixel)とよばれる小領域に分割し，各画素の濃淡を 256 階調に変換した場合，1 文字は各要素が 1 byte = 8 bit (8 桁の 2 進数)で表された

$$B = \{0, 1, 2, \cdots, 255\}$$

に値をとる $16 \times 16 = 256$ 次元のベクトル値に変換されることになる．認識

はこのベクトル値からその文字が何であるかというラベル，たとえば日本語であれば

$$L = \{ あ, い, う, \cdots, 漢, \cdots \}$$

といった文字の集合の中のどの文字に対応するかを予測することによって行われる．したがってこの文字認識の例は，$x \in B^{256}$ から $y \in L$ への変換を求める問題と考えることができる．

また別の例として，ロボットアームで把持した物体をある場所から別の場所に安全に移動させるための軌道計画問題といったものを考えてみよう．

3次元空間の中で物体の状態を定めるためには位置と向きについて計6自由度あるが，ここでは向きは考えずに，位置のみの3次元に注目することにする．言い換えるとロボットアームの手首から先の手の動きは考えずに固定し，手首の位置のみを決める問題として考えてみよう．よく用いられるロボットアームは人間の体を模しており，肩には上腕を上下および前後に動かすための2自由度，上腕には肘を軸に肘から先を回転させるために1自由度，肘には関節の曲げ伸ばしのための1自由度の計4自由度ある（図2）．

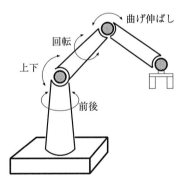

図 2 ロボットアームの自由度．人間の肩・上腕・肘に模した機構により，先端を自由に移動できる．

3次元空間で手首の位置を決めるためには3自由度あればよいから，この機構は過剰な自由度を持っていることになる．人の腕であれば，手首の位置を固定しても肘の位置はある程度の範囲で動かすことができるが，これ

と同じ事情である．つまりアームの先をある位置に固定しようとした場合，とりえる関節の角度は無数に何通りもあることになり，何の制約もなければ一意に決めることはできない．また，ある位置から別の位置に移動する経路もこれと同じ理由で無数のパタンを考えることができる．この一意性のなさは軌道を計画する際には問題をむずかしくすることになるが，たとえば途中に障害物がある場合にはそれを避けるといったことに使うことができ，場合によっては融通の利く性質であるともいえる．

さて手首の初期位置と目標位置の座標を入力値とし，各関節のモータに入力されるべき理想的なトルクの系列を出力するという問題を考えよう．このとき解を一意に定めるためには，ただ動かせばいいのではなく，たとえばある時間内に最小のエネルギーで目標位置まで動かすといった制約を設けなくてはならない．手首の3次元座標 $r_i; i=1,2,3$ のとりえる範囲を
$$D = \{a_{i1} \leq r_i \leq a_{i2}; i=1,2,3\} \subset R^3$$
で表し，4つのモータに入力可能なトルクの値 $\tau_i; i=1,2,3,4$ のとりえる範囲を
$$T = \{b_{i1} \leq \tau_i \leq b_{i2}; i=1,2,3,4\} \subset R^4$$
とし，決められた時間を100に区切り，各時刻におけるトルクの値を指定することを考えるとすれば，問題は始点と終点を表す座標の値 $x \in D \times D$ から100ステップの間の各時点でのトルクを表す値 $y \in T^{100}$ への対応関係を表す関数近似の問題となる（図3）．

このような入出力の対応関係を求める問題は至るところに現れるが，多くの場合その入出力関係は単純ではなく，いかにして少ない計算で，なおかつできるだけ正確に適切な出力を求めるかが現実問題として重要となる．対象に対する知識が十分にあるのであれば数学的に厳密なモデル化を行い，それに基づいて対応関係を求めることができるが，文字認識のような問題では手書き文字がどのようにくずれる（変形する）のかといったことに対する精密なモデル化がむずかしいし，またロボットの問題にしても機械の物理特性は必ずしも理想的であるとは限らず，力学モデルとずれる場合がある．また十分なモデル化が行われたとしても，エネルギーの最小化といった制約条件を満たす解を求める計算は複雑で時間がかかるため，高速な処

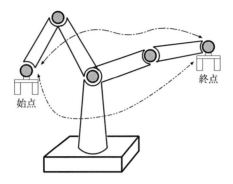

図 3 軌道計画問題．始点と終点を結ぶ適切な経路に添って関節を動かすためのトルクを出力する．制約条件がないと同じ始点と終点に対して複数の解が存在する．

理を要請される場合には，毎回これを厳密に計算し直すことは現実的でないといった問題もある．

　精密なモデル化の困難を避ける1つの方法として，ある程度多数の典型的な場合を例題として採取しておき，それを用いて学習(learning)するという手法がある．たとえばニューラルネットワーク(Haykin, 1994; Hassoun, 1995; Ripley, 1996)は，各素子の間の結合荷重を変化させることによって多様な多入力多出力の関数を近似することができるが，例題として得られた入出力をできるだけ忠実に再現するような結合荷重を求めることが学習とよばれる．ニューラルネットワーク以外にも，たとえば正規混合分布のような多数のパラメタをもつ統計的な確率モデルを用いることも考えられ，この場合学習は統計的なパラメタ推定に帰着される．本稿ではニューラルネットワークや正規混合分布のように入出力関係を確定的であれ確率的であれ何らかの形で記述したものを仮説(hypothesis)とよぶことにするが，一般には十分に多様な仮説を含む学習モデルを用意し，その学習モデルの中から例題に適合した仮説を選ぶ方法が学習と定義される．

　入出力関係の推測は，用意する学習モデルの汎化能力に期待して，新たな入力に対して妥当な出力を予測させているとも考えられ，これは一種の補間を行っていると捉えることができる．問題が複雑になればより自由度の高い複雑な学習モデルが必要になる．複雑なモデルとは端的にいえばモデ

ルのパラメタ数が多くなるということである．最近では計算機の発達により，非常に多くのパラメタをもつ大規模な学習モデルを現実問題に適用する事例が増えてきているが，一方でこうした大規模な学習モデルを完全に最適化することが実質上むずかしいことが指摘されている．通常学習に必要な計算量はモデルのパラメタ数が多くなるにしたがって多項式的，あるいは指数的に大きくなる．たとえばある学習方式で誤り率をある一定値以下にしようとすると，パラメタ数の 3 乗に比例する計算量が必要であるとしよう．モデルが大きくなってパラメタ数が 100 から 1000 の 10 倍になったとき，計算量は 10 の 3 乗で 1000 倍になる．1000 倍という数字は大したことがないように感じられるかもしれないが，パラメタ数が 100 のときに学習に 1 日かかったとすると，1000 になったときには 1000 日，つまり 3 年弱時間がかかってしまうことになり，まったく実用的ではない．また，パラメタ数の多くなるほどモデルは一般に強力な表現力をもち，複雑な入出力関係を表すことができるが，一方でたとえば多項式近似を行うとき次数が高くなるほど滑らかさを失い，データの雑音成分に過剰に合わせてしまうというようなことがおこるのと同様に，複雑なモデルほど汎化能力という意味では低くなってしまうことにも注意しなければならない．

　こうした計算量の爆発と汎化能力の低下を同時に避ける手法として注目を集めているものの 1 つが**集団学習**(ensemble learning)とよばれるアルゴリズムである．集団学習においては複雑で大規模な学習モデルを用いるのではなく，比較的単純な学習モデルと計算量が妥当な学習則を用い，与える例題の重みや初期値の違いなどによって多様な仮説を選び出し，これを組み合わせることによって最終的な仮説を構成し，複雑な学習モデルを学習するのと同等なことを行おうとしている．10 倍のパラメタ数をもつモデルを使う代わりに単純なモデルを 10 個組み合わせるとすれば，必要な計算量は 10 倍程度でしかない．もちろん単純なモデルを 10 個組み合わせたものと 10 倍のパラメタ数をもつ複雑なモデルではその学習能力が異なるので単純に計算量などを比較することはできないが，たとえば数十個組み合わせたとしても先の例に比べればはるかに現実的な時間で学習が終了することになる．また個々のモデルは単純であるため，それを組み合わせたも

のは10倍のパラメタをもつ複雑なモデルに比べて高い汎化能力をもっていることが期待される．

組み合わせ方の基本的な考え方は以下のようになる．簡単のため入力 x に対して適切な反応 y を予測する仮説がパラメタ θ で表されており，$y = h(x, \theta)$ と書かれているとする．学習アルゴリズムはその集合 $\{h(x, \theta)\}$ から例題を用いて適当なパラメタの推定値を選び出すが，いま，異なる複数個のパラメタ $\{\hat{\theta}_i\}$ が学習されていたとしよう．選び出された仮説を重ね合わせるとは，単に数多く得られたパラメタの推定値 $\{\hat{\theta}_i\}$ を組み合わせて

$$\theta = \sum_{i=1}^{n} w_i \hat{\theta}_i$$

のような形でパラメタの推定を行うのではなく，推定された仮説の集合 $\{h_i(x) = h(x, \hat{\theta}_i)\}$ を使って一種の多数決を行うことになる．まず各仮説 h_i の重みを設定し，これを w_i で表すとする．最終的な出力をどのように構成するかは仮説の出力値の属性によって若干異なり，文字認識のラベルのような場合は，同じラベルを出す仮説の重みの総和が一番大きなラベル

$$H(x) = \underset{y \in \mathcal{Y}}{\operatorname{argmax}} \sum_{i : h_i(x) = y}^{n} w_i \qquad (1)$$

を，モータのトルクのような場合は，仮説の出力を重み付けて足し合わせたもの

$$H(x) = \sum_{i=1}^{n} w_i h_i(x) \qquad (2)$$

を出力として用いることが多い．

このとき最も大事なことは，上のようにして組み合わされ作られた仮説は，もとの学習モデルである単純な仮説の空間には含まれていないことである．言い換えると，組み合わせることによって学習モデルを拡張していると考えられ，これが集団学習とよばれるアルゴリズムの本質的な部分であるといえる．

以降の章ではまず2章でアルゴリズムの簡単な分類を行い，本稿で中心的に取り上げるバギング (bagging) とブースティング (boosting) という手法によってどのくらい学習能力が改善されるかをベンチマークテストにより

比較した結果を紹介する．その上で理論の解説を行うが，3章では単独の仮説で表現されるモデルの空間が組み合わせることによってどのように変化するかという点から考えることにする．ここでは関数近似とベイズ統計の分野において知られた事実をモデルの重ね合わせという観点から説明する．本稿の内容としては少々異質であるが，証明の細かい部分は考えずに，モデルの空間の拡大について幾何学的なイメージをもってもらいたい．4章，5章では具体的なアルゴリズムとしてバギングとブースティングを取り上げ，それぞれの考え方と基本的な性質について詳しく説明する．

2 組み合わせの方法

簡単な学習機械を組み合わせて，複雑なものを作るという試みはニューラルネットワークの分野では古くから行われており，このようにして作られた学習機械，あるいはそのアルゴリズムを指して combining predictor, combining learner, committee machine, modular network, voting network, ensemble learning といったさまざまな言葉が使われてきた．本稿では集団学習(ensemble learning)という言葉を用いることにする．

この章では集団学習のアルゴリズムを特徴付ける多数決の考え方を解説した上で，典型的な手法であるバギングとブースティングによってどのように学習結果が改善されるかベンチマークデータを用いた実験を参照しながら概観する．

2.1 弱仮説と多数決

入力 x に対応する反応 y を予測する方法には，大きく分けると入力に対して1つの反応を確定的(deterministic)に出力する場合と，可能な反応の確率分布を推測することによって確率的(probabilistic)に出力する場合の2通りある．本稿ではとくにこの違いを区別せず，入出力関係を記述するも

のを**仮説**(hypothesis)とよび，h で表すことにする．確率的な場合は入力 x に対して反応 y の条件付き確率

$$h(x,y) = p(y|x)$$

を仮説とよぶことが多いが，確定的な場合は，入力 x に対して反応 y を直接推定する形で

$$y = h(x)$$

と書いて仮説と考えることもある．また

$$h(x,y) = \begin{cases} 1, & y \text{ が } x \text{ に対して適切な反応} \\ 0, & \text{それ以外} \end{cases}$$

のように反応 y が適しているかどうかを判定する関数 h を仮説と考える場合もある．これらの記述の仕方は状況に応じて適宜使い分けるので注意して欲しい．

　仮説の集合 $\{h\}$ を**学習モデル**とよび，学習アルゴリズムは学習モデルから例題を用いて適当なもの選び出す方法であるとする．多くの場合，仮説はパラメタ θ で表されており $h(x,y;\theta)$ のように書くが，学習アルゴリズムは適当なパラメタの推定値を求めることになる．たとえばニューラルネットワークではパラメタは多次元になり，すべての結合荷重を集めたベクトルが θ で表され，誤差逆伝播学習法のような学習則により，パラメタの調整が行われる．また，連続に変えられるパラメタとは異なり，ある可算個の仮説をあらかじめ用意しておき，学習アルゴリズムにより適当な仮説を選択する場合もある．この場合は仮説に番号を割り当て，パラメタはこの番号を表すと考えればよい．いずれにせよ学習アルゴリズムとは学習モデルのパラメタを適当に選び出すものと考えておけばよい．ただし集団学習で用いるアルゴリズムは一般に最適なパラメタを推定するものでなくてもよい．これは仮説を多数組み合わせることによって性能を向上させることが目的であるので，個々の仮説はそこそこの性能であればよく，むしろ選ばれる仮説が多様となるほうが好ましい．このため集団学習に用いられる学習アルゴリズムは**弱い学習アルゴリズム**(weak learning algorithm)あるいは**弱学習機**(weak learner)，仮説は**弱仮説**(weak hypothesis)とよばれる

ことがある.

　前章で簡単に説明したように,学習により異なる複数個のパラメタ $\{\hat{\theta}_i\}$ が与えられたとき,最終的な出力は**多数決**(majority vote)により決定される.多数決をどのように構成するかは仮説の出力値の属性に依存する.値の属性には文字認識のラベルのような**非計量データ**(non-metric data)と,モータのトルクのような**計量データ**(metric data)とがあるが,その違いは端的にいえば足し算や引き算をして意味のある量であるかどうかということである.非計量データはさらに細かく分けると順序のある**序数尺度**(ordinal scale)と順序のない**名義尺度**(nominal scale),計量データは原点が決まっている**比尺度**(ratio scale)と値の差にしか意味のない**間隔尺度**(interval scale)とに分けられるが,本稿で扱う範囲ではアルゴリズムの構成上これらの細かな分類にとくに注意する必要はない.

　さて仮説 h_i に重み w_i が与えられたとする.とくに断わりがなければ重みの総和は1となるように正規化されているものとする.

$$\sum_i w_i = 1$$

重みはどの仮説の出力を優先するかを示しており,これに基づいて多数決を構成するとき**重み付き多数決**(weighted vote)とよぶが,重みが一様な場合はとくに**均等な多数決**(equally vote)とよぶ.出力が計量的である場合には仮説の出力を重み付けて足し合わせたもの

$$H(x) = \sum_{i=1}^{n} w_i h_i(x) \tag{3}$$

を最終的な出力として考えることになる.また出力が非計量的である場合には重み付けた多数決,つまり同じ出力を出す仮説の重みの和が一番大きな出力

$$\begin{aligned} H(x) &= \underset{y \in \mathcal{Y}}{\mathrm{argmax}} \sum_{i=1}^{n} w_i I(h_i(x) = y) \\ &= \underset{y \in \mathcal{Y}}{\mathrm{argmax}} \sum_{i: h_i(x) = y} w_i \end{aligned} \tag{4}$$

を考えることになる.ただし $I(\cdot)$ は定義関数で,引数として表されている

事象が真なら 1，偽なら 0 となる関数である（図 4）．

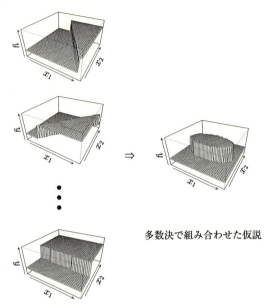

図 4 仮説の多数決．多数決によってもとの単純な仮説では表すことができない仮説が表現できる．たとえば線形判別機を多数組み合わせることによって，楕円領域を識別する判別機が構成される．

本稿では出力が非計量的であるか計量的であるかによってそれぞれ**判別問題**(classification problem)，**回帰問題**(regression problem)とよんで区別することにする．

2.2 構造とアルゴリズムによる分類

集団学習によって得られる学習機械は多数の**弱仮説**(weak hyposesis)とそれを組み合わせる**結合機**(combiner)からなり，一般に図 5 に示すような構造をもつ．

この構造はさらに，結合機の動作が入力に対して動的であるか静的であるかということと，弱仮説の生成の仕方が並列的であるか逐次的であるか

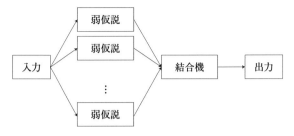

図 5　集団学習における学習機械の構造

という違いにしたがっていくつかに分類される．

まず動的な結合機の代表的なものとして **MoE**(mixture of experts)がある(Jacobs et al., 1991)．MoE は expert network と gating network からなる 2 層構造の階層的なネットワークである(図 6)．入力に応じてどの expert network からの出力に重きを置くかを決定しているのが gating network であり，入力によっては特定の 1 つの expert network の出力しか考慮されない場合もあるし，いくつかの expert network からの出力の重み付けられた平均が最終的な出力となる場合もある．別の表現をすれば，gating network が入力空間を分割し，分割された各区画に個々の expert network が割り当てられると考えてもよい(図 7)．学習方法は gating network による重み付けの値を欠損値として扱い，EM アルゴリズムを併用した最適化手法を用いることが多い(Jacobs et al., 1991; Jordan and Xu, 1995)．

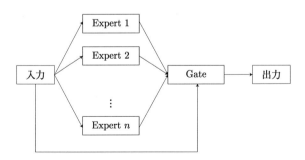

図 6　MoE の構造．入力は各 expert network が処理し，入力に応じてどの expert network の出力を優先するかを gating network が判断する．

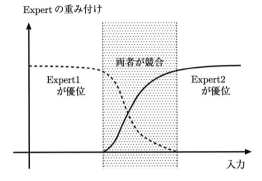

図 7　gating network による入力空間の分割．入力に応じてどの expert network を優先するかを決めることによって，各 expert network が処理に責任をもつべき領域を決め，入力空間での役割分担を行っている．

MoE には図 8 のようにこれをさらに階層構造とした**階層的 MoE**(hierarchical mixture of experts)のようなものもある(Jordan and Jacobs, 1994)．また線形回帰あるいは線形判別と決定木を組み合わせたアルゴリズムである **CART**(classification and regression tree)もこれと同様な構造をもっている(Breiman *et al.*, 1984)．

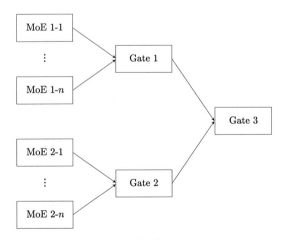

図 8　階層的 MoE の構造．複数の MoE を gating network で組み合わせることによって，複雑な入力空間の分割を行う．

静的な結合機の代表としてはバギング(bagging)(Breiman, 1994)とブースティング(boosting)(Schapire, 1990など)がある．これらはいずれも入力によらずに固定した重みで弱仮説の出力を統合する．2つの違いは仮説の生成が並列的であるか逐次的であるかということである．

バギングは与えられた例題からのリサンプリングを繰り返すことによって弱仮説を多数生成し，これを組み合わせるものである．このときリサンプリングは独立に行うので弱仮説どうしは互いに影響し合わず，したがって学習は並列に行うことができる．

一方，ブースティングは前に生成した弱仮説の学習結果を用いて，間違いの多い苦手とする例題の重みを増すように例題の従う分布を加工し，この分布に基づいて新たな弱仮説の学習を行う．このため仮説の生成は順にしか行えず，また後から作られた弱仮説は前の仮説に強く依存する．

計算上はバギングは並列化が可能であるので，並列計算機を用いることによって計算時間を大幅に短縮できるが，ブースティングは逐次的にしか計算できないので，計算時間は生成する弱仮説の数に比例して長くなることになる．以上をまとめると表1のような分類となる．本稿では静的な方法であるバギングとブースティングを中心に取り上げていく．

表1 構成法による手法の分類

	並　列	逐　次
動的	MoE	
静的	バギング	ブースティング

なお回帰問題ではブースティングに類似の方法として貪欲算法(greedy algorithm)を用いた一般化加法モデル(generalized additive model)の学習などもある(たとえばニューラルネットワークの分野ではFahlmanとLebiere(1990)などがある)が，これらは例題とそれまでに作られた仮説の残差を用いて新しい仮説を構成していくものであり，ブースティングの特徴である例題の分布を変えるという観点でアルゴリズムが構成されたものではなく，この点が大きく異なることを付記しておく．

2.3 ベンチマークによる比較

　この節ではバギングとブースティングにより，どのくらい学習能力が改善されるかを Quinlan(1996)の論文を例として説明する．データセットは機械学習のベンチマークとして定番のカルフォルニア大学(University of California, Irverna; UCI Machine Learning Repository)で公開されている 27 種類の判別問題のデータを用いている．また学習方法としては C4.5(Quinlan, 1993)という相互情報量に基づいた学習型の決定木を用いている．

　表 2 の各列の先頭の「誤り率」には，C4.5 を単独で用いた場合，C4.5 にバギングを適用した場合，C4.5 にブースティングを適用した場合の誤り率が順に記載されている．バギング，ブースティングはそれぞれ 10 回適用され，10 個の弱仮説を生成している．これらの誤り率は **10 分割した交叉確認法**(10-fold cross validation)により算出された平均誤り率である．交叉確認法による誤り率の評価方法では，例題はまず 10 個のほぼ同じ大きさのブロックに分割され，1 つのブロックを除いた 9 ブロックで判別機の学習を行い，取り除いて学習に用いなかったブロックで誤り率を計算するという操作をすべてのブロックについて行う．このようにして得られた 10 の誤り率の平均をとることによって平均誤り率を算出している．

　バギング・ブースティング・C4.5 をそれぞれ比較した「A vs B」の項で「優劣」として示されているのは，交叉確認法において計算された各回の誤り率において「A」の優れていた回数と劣っていた回数を示しており，誤り率が同等であった場合は除かれている．また「比率」は(A の平均誤り率)/(B の平均誤り率)を表している．これらの値はバギングとブースティングそれぞれによってどのくらい誤り率に改善がみられたかを端的に示しているといえる．

　なお表 3 は各データセットの属性を示している．たとえばデータセット anneal は総データ数 898 個，判別すべきラベル数 6 種類，入力は 38 次元で，うち 9 次元が連続値で表される量，29 次元が離散値で表される量である．

表 2 ベンチマークによる比較

データセット名	C4.5	Bagged C4.5 vs C4.5			Boosted C4.5 vs C4.5			Boosting vs Bagging	
	誤り率(%)	誤り率(%)	優劣	比率	誤り率(%)	優劣	比率	優劣	比率
anneal	7.67	6.25	10-0	.814	4.73	10-0	.617	10-0	.758
audiology	22.12	19.29	9-0	.872	15.71	10-0	.710	10-0	.814
auto	17.66	19.66	2-8	1.113	15.22	9-1	.862	9-1	.774
breast-w	5.28	4.23	9-0	.802	4.09	9-0	.775	7-2	.966
chess	8.55	8.33	6-2	.975	4.59	10-0	.537	10-0	.551
colic	14.92	15.19	0-6	1.018	18.83	0-10	1.262	0-10	1.240
credit-a	14.70	14.13	8-2	.962	15.64	1-9	1.064	0-10	1.107
credit-g	28.44	25.81	10-0	.908	29.14	2-8	1.025	0-10	1.129
diabetes	25.39	23.63	9-1	.931	28.18	0-10	1.110	0-10	1.192
glass	32.48	27.01	10-0	.832	23.55	10-0	.725	9-1	.872
heart-c	22.94	21.52	7-2	.938	21.39	8-0	.932	5-4	.994
heart-h	21.53	20.31	8-1	.943	21.05	5-4	.978	3-6	1.037
hepatitis	20.39	18.52	9-0	.908	17.68	10-0	.867	6-1	.955
hypo	.48	.45	7-2	.928	.36	9-1	.746	9-1	.804
iris	4.80	5.13	2-6	1.069	6.53	0-10	1.361	0-8	1.273
labor	19.12	14.39	10-0	.752	13.86	9-1	.725	5-3	.963
letter	11.99	7.51	10-0	.626	4.66	10-0	.389	10-0	.621
lymphography	21.69	20.41	8-2	.941	17.43	10-0	.804	10-0	.854
phoneme	19.44	18.73	10-0	.964	16.36	10-0	.842	10-0	.873
segment	3.21	2.74	9-1	.853	1.87	10-0	.583	10-0	.684
sick	1.34	1.22	7-1	.907	1.05	10-0	.781	9-1	.861
sonar	25.62	23.80	7-1	.929	19.62	10-0	.766	10-0	.824
soybean	7.73	7.58	6-3	.981	7.16	8-2	.926	8-1	.944
splice	5.91	5.58	9-1	.943	5.43	9-0	.919	6-4	.974
vehicle	27.09	25.54	10-0	.943	22.72	10-0	.839	10-0	.889
vote	5.06	4.37	9-0	.864	5.29	3-6	1.046	1-9	1.211
waveform	27.33	19.77	10-0	.723	18.53	10-0	.678	8-2	.938
平　均	15.66	14.11		.905	13.36		.847		.930

まず総平均値を比べると単に C4.5 を使うより，バギング，ブースティングの順に改善されていることがわかる．バギングはきわめて単純なアルゴリズムであり，それに比べてブースティングは計算法をかなり工夫しているので，計算の手間から考えると改善の度合はある意味妥当な結果であると思われる．とくにデータセット chess, letter, segment などはブースティ

表 3 ベンチマークに用いたデータセットの属性

名前	データ数	ラベル数	入力の属性(次元)	
			連続値	離散値
anneal	898	6	9	29
audiology	226	6	-	69
auto	205	6	15	10
breast-w	699	2	9	-
chess	551	2	-	39
colic	368	2	10	12
credit-a	690	2	6	9
credit-g	1,000	2	7	13
diabetes	768	2	8	-
glass	214	6	9	-
heart-c	303	2	8	5
heart-h	294	2	8	5
hepatitis	155	2	6	13
hypo	3,772	5	7	22
iris	150	3	4	-
labor	57	2	8	8
letter	20,000	26	16	-
lymphography	148	4	-	18
phoneme	5,438	47	-	7
segment	2,310	7	19	-
sick	3,772	2	7	22
sonar	208	2	60	-
soybean	683	19	-	35
splice	3,190	3	-	62
vehicle	846	4	18	-
vote	435	2	-	16
waveform	300	3	21	-

ングを用いることによって性能向上が著しく，誤り率が 40%〜60% 程度に改善され，C4.5 で間違えていたものの約半分は正しく判別されるようになっていることがわかる．

しかしながら個々のデータセットでは必ずしもバギング，ブースティングにより改善されるとは限らない(たとえばデータセット colic, iris など)．またブースティングのほうがバギングより改善の度合が優れているとも限らないことがわかる(たとえばデータセット credit-a/g, diabetes, vote など)．

後述するようにバギングは不安定な学習機械を安定化するという性質があるが，安定な学習機械に用いた場合はあまり効果は得られず，逆に余計な偏りを付け加えてしまう場合がある．したがって単独の C4.5 で十分であるような問題に対してはバギングは悪影響を与えてしまったと考えられる（たとえばデータセット auto など）．一方，ブースティングは強力であるがゆえに過学習（overfit）をおこしてしまうことが知られており，この論文でも適当な制約条件を課してブースティングの回数を減らす（early stopping とよばれる）ことによって平均誤り率が改善されることが報告されている．

この他にもバギングについては Breiman(1994)，ブースティングについては Drucker と Cortes(1996)，Drucker(1997)などの報告も併せて参照されたい．

3 モデルの拡大

パラメタで記述された学習モデル $\{h(x,y;\theta)\}$ から複数個の仮説を選び，それらを組み合わせたとき，新たに作られた仮説はもとの学習モデルに含まれるとは限らない．たとえば出力値が計量的なモデルで 2 つの仮説 $h(x,y;\theta_1)$ と $h(x,y;\theta_2)$ をそれぞれ $\alpha, 1-\alpha$ の比率で組み合わせたもの

$$H(x,y) = \alpha h(x,y;\theta_1) + (1-\alpha)h(x,y;\theta_2)$$

を考えたとしよう．このとき H はもとの学習モデルに含まれるであろうか？　この問いに対する答えはすべての仮説を含む空間の中で，学習モデルがどのように埋め込まれているかということに依存する．多くの場合学習モデルは曲っており，組み合わせた仮説はモデルの外に飛び出すことになる（図 9）．別の見方をすれば組み合わせることによってモデルを拡大しているとみなすことができる．

この章ではモデルが本来張っている方向から飛び出すことによる利点を大域的な側面と局所的な側面から考察する．

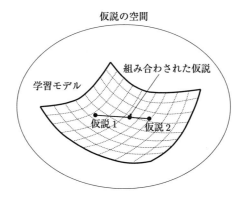

図 9　モデルの拡大の概念図．仮説を組み合わせることによって，もとの学習モデルには含まれない仮説を作ることができる．

3.1　大域的な拡大

　ここで紹介するモデルの拡大の考え方は，ニューラルネットワーク（neural network）やウェーブレット変換（wavelet transform）の研究に負うところが大きい．80年代中頃から研究が盛んになったニューラルネットワークは，生物の脳の構造を模した学習機械であり，単純な計算能力しかもたない素子を大量に，かつ均質に結合させ，各素子間で局所的に情報をやりとりすることによって複雑な計算を行うことができるようにしたものである．また例題を与えながら素子間の結合荷重を更新するという簡単な方法で学習を行うことができるといった特徴をもっている．このような計算機構が注目を浴びた理由の1つは，比較的単純な学習則によって高い汎化能力を有した学習機械を構成できることであり，数多くの大規模な計算機実験によりさまざまな問題に対して有効に働くことが示されたからである（たとえばRumelhartら（1986）などに多くの例が示されている）．

　現実問題への応用が進むにしたがい，ニューラルネットワークの非線形関数近似能力，とくに3層パーセプトロン（図10）とよばれる単純な構造のニューラルネットワークの関数近似能力を解析する理論的な研究が進んだ．3層パーセプトロンは ϕ を適当な非線形関数として，入力を $x=(x_1, x_2, \cdots)$,

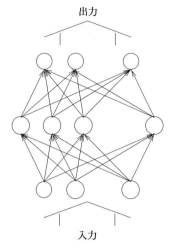

図 10 3層パーセプトロン．単純な計算素子を階層状に結合した構造をもつ．入力側から出力側の素子に向かって情報を伝える結合がある．

出力を $y = (y_1, y_2, \cdots)$ と書くと，その入出力関係は

$$y_k = \sum_i c_{ki} \phi \left(\sum_j a_{ij} x_j - b_i \right)$$

のように表される．

中間層の各素子の出力 $\{\phi_i(x) = \phi(\sum_j a_{ij} x_j - b_i)\}$ を単純な仮説と考えれば，3層パーセプトロンは多数の単純な仮説の線形結合であると考えることができる．これまでに中間素子の数が十分多ければ3層パーセプトロンは任意の関数を十分な精度で近似できることがさまざまな観点から証明され(たとえば Irie と Miyake(1988)，Funahashi(1989)，Hornik ら(1989)，Cybenko(1989)，White(1989)，Poggio と Girosi(1990)など)，素子数と精度の定量的関係も議論されている(たとえば Baum と Haussler(1989)，Jones(1992)，Barron(1993)，Girosi(1993)，Girosi ら(1995)，Murata(1996)など)．

一方，信号処理や画像処理の分野で注目を浴びているウェーブレット変換にもニューラルネットワークと類似の構造があり，基底となるウェーブレット関数(mother wavelet)を拡大縮小，および平行移動して信号 y を

$$y_k = \sum_i c_{ki}\phi\left(\frac{x-b_i}{a_i}\right)$$

という形で表現するが，有限個の基底で有効な近似を行うことができることが示されている（たとえば Delyon ら(1995)など）．

ニューラルネットワークやウェーブレット変換による関数近似の問題は，**過完備基底関数系**(over-complete basis)上での関数の展開と捉えられ，その近似性能を統一的に論じることができる．適当な基底関数系による関数近似の問題は工学的に非常に応用範囲の広いものであり，古くからフーリエ展開，多項式展開，スプライン関数展開といったように現在でもさまざまな場面で応用されている展開方法が研究されている．実用上は計算効率から直交した完備基底系を用いる場合が多いが，これは基底系を $\{\phi_i(x); i=1,2,\cdots\}$ とすると関数の展開がその直交性から

$$f(x) = \sum_{i=1}^{\infty} \frac{\langle f, \phi_i \rangle}{\langle \phi_i, \phi_i \rangle} \phi_i(x)$$

のように簡単に計算できるからである．ここで $\langle \cdot \rangle$ は関数の内積を表し，定義域を D とすると

$$\langle f, g \rangle = \int_D f(x)g(x)dx$$

で定義される．三角関数，直交多項式，B-スプライン関数などの完備直交基底系は，基底関数が線形独立，つまりある基底をそれ以外の基底では表すことができない，すなわち

$$\phi_i(x) \neq \sum_{j \neq i} a_j \phi_j(x)$$

であるが，ニューラルネットワークやウェーブレット変換ではその基底となるべき関数が過剰にあり，ある基底が他の基底の線形結合で表される，すなわち

$$\phi_i(x) = \sum_{j \neq i} a_j \phi_j(x)$$

という性質がある．このため関数を展開表示する際その表現に一意性がないが，学習においてはこれが有利な性質として働く場合もある．

以下では過完備基底による関数の展開表示と近似能力の性質を説明する.

(a) 過完備基底関数系による関数の積分表示

基底関数の線形結合による関数の近似を議論する準備として，与えられた関数を過完備基底関数系を用いて正確に積分表示する方法を説明する.

まず過完備基底関数系による関数の積分表示の例として次の2つを与えておく.

定義1(畝状関数) あるベクトル $a \in R^m$ と実数 $b \in R$，および適当な関数 $G : R \to R$ とを用いて

$$F(x) = G(a \cdot x - b) \qquad (5)$$

という形で表される関数を**畝状関数**(ridge function)という.

これは R^m のある特定の方向を向いた超平面上ではまったく同じ値をとる関数である(図11参照).

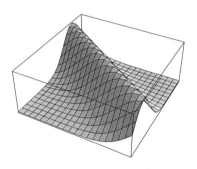

図 11　R^2 上での畝状関数の例

定理1 2つの関数 $\phi_d, \phi_c \in L^1(R) \cap L^2(R)$ は有界で，

$$\int_{R^m} |\omega|^{-m} \hat{\phi}_d(\omega) \hat{\phi}_c(\omega) d\omega = 1 \qquad (6)$$

を満たすとする．ただし，$\hat{}$ はフーリエ変換を表す．このとき任意の関数 $f \in L^1(R^m) \cap L^2(R^m)$ に対し

$$T(\boldsymbol{a},b) = \frac{1}{(2\pi)^m C_{\phi_d,\phi_c}} \int_{R^m} \phi_d(\boldsymbol{a}\cdot\boldsymbol{x}-b)f(\boldsymbol{x})d\boldsymbol{x} \quad (7)$$

$$f(\boldsymbol{x}) = \int_{R^{m+1}} \phi_c(\boldsymbol{a}\cdot\boldsymbol{x}-b)T(\boldsymbol{a},b)d\boldsymbol{a}db \quad (8)$$

なる関係が L^2 の意味で成り立つ.

証明の詳細は Murata(1996)などを参照されたい.

一般にニューラルネットワークの中間素子の出力関数としてはシグモイド関数が用いられる. シグモイド関数は可微分, 単調増加, 有界性を有する関数で, たとえば

$$\lim_{z\to-\infty}\psi(z) = 0, \quad \lim_{z\to\infty}\psi(z) = 1$$
$$\frac{d}{dz}\psi(z) = \psi'(z) > 0, \quad \lim_{z\to\pm\infty}\psi'(z) = 0$$

のような条件を課せられる. この関数は $L^1(R)$ に属していないため, このままでは定理の結果を適用することはできないが,

$$\phi_c(z) = c\{\psi(z+h) - \psi(z-h)\} \quad (h>0,\ c\text{は適当な係数}) \quad (9)$$

とすることによって適用可能となる. このとき分解に用いる ϕ_d を構成するには, まず次の性質をもつ $\rho \in C_0^\infty(R) \cap L^1(R)$ を1つ選ぶ.

$$\rho(z) \geq 0, \quad |z| \geq 1 \text{ ならば} \quad \rho(z) = 0$$

たとえば

$$\rho(z) = \begin{cases} e^{-1/(1-|z|^2)} & (|z|<1) \\ 0 & (|z|\geq 1) \end{cases}$$

である. この ρ と適当な定数 C を用いて, 入力 $\boldsymbol{x}$ の次元 m の偶奇に応じて

$$\phi_d(z) = \begin{cases} C\dfrac{d^m}{dz^m}\rho(z) & (m \text{が偶数}) \\ C\dfrac{d^{m+1}}{dz^{m+1}}\rho(z) & (m \text{が奇数}) \end{cases} \quad (10)$$

とすれば, 条件(6)は満たされる.

定義 2(動径関数) あるベクトル $\boldsymbol{a} \in R^m$ と適当な関数 $G: R \to R$ と

を用いて
$$F(\boldsymbol{x}) = G(|\boldsymbol{x}-\boldsymbol{a}|) \tag{11}$$
という形で表される関数を動径関数(radial function)という.
これは中心点 $\boldsymbol{a}$ からの距離だけでその値が決まる関数である(図12参照).

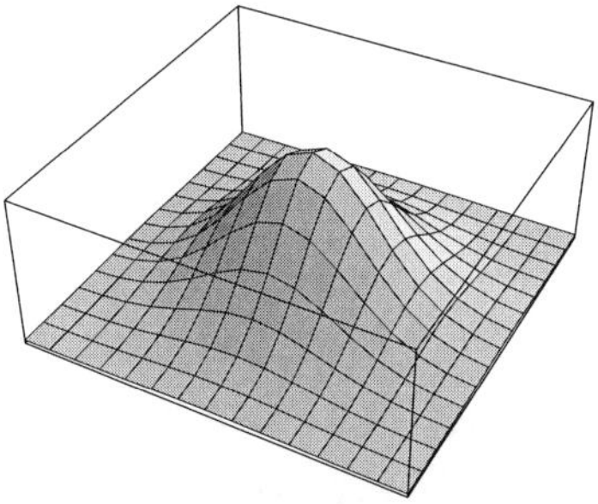

図 12 R^2 上での動径関数の例

定理2 次の条件を満たす2つの動径関数 $\phi_d, \phi_c \in L^2(R^m)$ を用意する.
$$\int_0^\infty b^{-1}\hat{\phi}_d(b\boldsymbol{\omega})\hat{\phi}_c(b\boldsymbol{\omega})db = 1 \tag{12}$$
ただし,^はフーリエ変換を表す.このとき任意の関数 $f \in L^2(R^m)$ に対して
$$T(\boldsymbol{a},b) = \int_{R^m} \phi_d(b(\boldsymbol{x}-\boldsymbol{a}))f(\boldsymbol{x})d\boldsymbol{x} \tag{13}$$
$$f(\boldsymbol{x}) = \int_{R^m,R^+} T(\boldsymbol{a},b)\phi_c(b(\boldsymbol{x}-\boldsymbol{a}))b^{2m-1}d\boldsymbol{a}db \tag{14}$$
なる関係が L^2 の意味で成り立つ.ただし $\boldsymbol{a} \in R^m, b \in R^+$ である.

証明の詳細は Daubechies(1992) などを参照されたい.

基底関数 ϕ_c としてよく使われるものとしてはガウス関数(Gaussian)があるが,条件(12)を満たす動径関数の組としては,たとえば
$$\phi_d(\boldsymbol{x}) = \sqrt{2}\,(m-|\boldsymbol{x}|^2)e^{-\frac{|\boldsymbol{x}|^2}{2}} \tag{15}$$
$$\phi_c(\boldsymbol{x}) = \sqrt{2}\,e^{-\frac{|\boldsymbol{x}|^2}{2}} \tag{16}$$

が挙げられる．

さて畝状関数と動径関数による2つの変換は R^m 上の関数 f から R^{m+1} 上の関数 T への対応とみなすことができることに注意する．たとえばフーリエ変換は完備直交基底を用いた積分変換の典型であるが，フーリエ変換およびフーリエ逆変換は $L^2(R^m)$ から $L^2(R^m)$ への1対1の対応を与えている．これに対して過完備基底による変換は，大きさの異なる関数空間への対応であり，先に述べたように基底が過剰にあるので展開される関数の表現は一意でなく1対1対応にならない．実際同じ ϕ_c に対して条件(6)または(12)を満たす2つの関数 ϕ_d^1, ϕ_d^2 を考えることができ，これを用いると2つの異なる変換 $T^1(\boldsymbol{a}, b), T^2(\boldsymbol{a}, b)$ が得られ，これらを用いた逆変換により f は2つの異なった表現をもつことがわかる．

この一意性のなさは一見不便に思えるかもしれないが，たとえば ϕ_c が与えられた場合，式(6)を満たせば計算上都合のよいように ϕ_d を選べるため，関数近似においては冗長性が1つの長所となることもある．

(b) 過完備基底による関数近似

前節の2種類の積分変換により，適当な条件下で関数 f は

$$f(\boldsymbol{x}) = \int T(\boldsymbol{a}, b)\phi_c(\boldsymbol{x}; \boldsymbol{a}, b) d\boldsymbol{a} db \tag{17}$$

と書くことができる．$\phi_c(\boldsymbol{x}; \boldsymbol{a}, b)$ は $\boldsymbol{a}, b$ をパラメタとする関数であることを表している．以下では

$$\int |T(\boldsymbol{a}, b)| d\boldsymbol{a} db < \infty \tag{18}$$

を仮定する．この条件のもとで上式の積分は n が十分大きければ有限和

$$f(\boldsymbol{x}) \sim \sum_{i=1}^{n} T(\boldsymbol{a}_i, b_i)\phi_c(\boldsymbol{x}; \boldsymbol{a}_i, b_i) \tag{19}$$

で十分よく近似できる．したがって ϕ_c を出力関数としてもつ3層パーセプトロンのような構造のネットワークが，その中間素子の数を十分多くすることによって任意の精度で関数 f を近似しうることが直観的にわかる（図13参照）．上記の積分表現に現れる $\boldsymbol{a}, b$ は，3層パーセプトロンの場合に

は入力層から中間層への結合荷重および閾値に，動径関数系の場合には各基底の中心点と広がりを規定するパラメタに対応し，$T(\boldsymbol{a}, b)$ は中間層から出力層への結合荷重に対応すると考えられる．

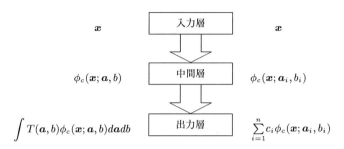

図 13 変換 $T(\boldsymbol{a}, b)$ と 3 層構造のネットワークの対応関係．積分表示は正確な表現に，有限和は近似表現に対応している．

なお尨状関数の反転公式は $m=1$，すなわち f が R 上の関数の場合にかぎり，ウェーブレット変換の反転公式を変数変換したものとなるが，$m \geq 2$ ではこうした直接的な対応関係はない．また動径関数による多変数関数のウェーブレット変換においては通常 $L^2(R^m)$ の中から基底 $\phi_c(b(\boldsymbol{x} - \boldsymbol{a}))$ が選ばれるが，尨状関数での基底 $\phi_c(\boldsymbol{a} \cdot \boldsymbol{x} - b)$ は一般に R^m 上で可積分でないことに注意する．この点では尨状関数と動径関数による展開はかなり違った性質となるが，尨状関数による多次元関数の展開は別の見方をすればラドン変換(Radon transform)と 1 次元のウェーブレット変換に分解されるので，ウェーブレット変換を含む大きな枠組である多重解像度解析(multi resolutional analysis)の観点からは両者は密接に関連していると考えられる．

中間素子の数を増やしていった場合の精度は有限和と積分の関係を厳密に議論することによって以下のように示すことができる．まず，入力 $\boldsymbol{x} \in R^m$ が確率密度 $\mu(\boldsymbol{x})$ にしたがって発生すると仮定し，関数 f が n 個の基底関数によって近似した関数 f_n によってどの程度の精度で近似できるかを，入力 $\boldsymbol{x}$ の確率密度 $\mu(\boldsymbol{x})$ に基づく L^2 ノルム

$$\|f_n(\boldsymbol{x}) - f(\boldsymbol{x})\|^2_{L^2(R^m), \mu} = \int_{R^m} (f_n(\boldsymbol{x}) - f(\boldsymbol{x}))^2 \mu(\boldsymbol{x}) d\boldsymbol{x} \quad (20)$$

によって定量的に評価することを考える.

簡単のためここでは $|\phi_c|$ の最大値は 1 であるとする. 関数 f の積分表示で T が絶対積分可能であることと, f および ϕ_c が実関数であることに注意すると

$$f(\boldsymbol{x}) = \int T(\boldsymbol{a},b)\phi_c(\boldsymbol{x};\boldsymbol{a},b)d\boldsymbol{a}db$$
$$= \int \text{sign}(T(\boldsymbol{a},b))C_T \cdot \phi_c(\boldsymbol{a}\cdot\boldsymbol{x}-b) \cdot \frac{|T(\boldsymbol{a},b)|}{C_T} d\boldsymbol{a}db$$
$$= \int c(\boldsymbol{a},b)\phi_c(\boldsymbol{x};\boldsymbol{a},b)p(\boldsymbol{a},b)d\boldsymbol{a}db \quad (21)$$

と書き直せる. ただし,

$$C_T = \int |T(\boldsymbol{a},b)|d\boldsymbol{a}db \quad (22)$$
$$c(\boldsymbol{a},b) = \text{sign}(T(\boldsymbol{a},b))C_T \quad (23)$$
$$p(\boldsymbol{a},b) = |T(\boldsymbol{a},b)|/C_T \quad (24)$$

と置いた. ここで $p(\boldsymbol{a},b)$ は積分値が 1 となる正値関数であり, $(\boldsymbol{a},b)$ の確率密度関数とみなすことができることに注意する.

さて確率密度 $p(\boldsymbol{a},b)$ にしたがって $(\boldsymbol{a},b)$ を独立に n 個選ぶとし, 次の関数を考える(図 14 参照).

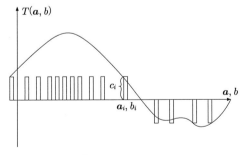

図 14 変換 $T(\boldsymbol{a},b)$ と $(\boldsymbol{a},b)$ の密度の関係の概念図. $p(\boldsymbol{a},b) \propto |T(\boldsymbol{a},b)|$ にしたがって $(\boldsymbol{a},b)$ をランダムに選ぶ. $T(\boldsymbol{a},b)$ の絶対値が大きいほど, 選ばれる $(\boldsymbol{a},b)$ は密になる.

3 モデルの拡大

$$f_n(\boldsymbol{x}) = \frac{1}{n}\sum_{i=1}^{n} c(\boldsymbol{a}_i, b_i)\phi_c(\boldsymbol{x}; \boldsymbol{a}_i, b_i) \tag{25}$$

このとき $f_n(\boldsymbol{x})$ は確率変数と考えられるが，構成法からその平均および分散は，

$$E(f_n(\boldsymbol{x})) = \frac{1}{n}\sum_{i=1}^{n} c(\boldsymbol{a}_i, b_i)\phi_c(\boldsymbol{x}; \boldsymbol{a}_i, b_i)p(\boldsymbol{a}_i, b_i)d\boldsymbol{a}_i db_i = f(\boldsymbol{x}) \tag{26}$$

$$V(f_n(\boldsymbol{x})) = \frac{1}{n}V(c(\boldsymbol{a}, b)\phi_c(\boldsymbol{x}; \boldsymbol{a}, b)) \leq \frac{1}{n}C_T^2 E((\phi_c(\boldsymbol{x}; \boldsymbol{a}_i, b_i))^2) \leq \frac{1}{n}C_T^2 \tag{27}$$

となる．最後の不等号は $|\phi_c|$ の最大値が1 であることによる．これらを用いると2 つの関数の差は

$$E(\int (f_n(\boldsymbol{x}) - f(\boldsymbol{x}))^2 \mu(\boldsymbol{x})d\boldsymbol{x}) = \int E((f_n(\boldsymbol{x}) - f(\boldsymbol{x}))^2)\mu(\boldsymbol{x})d\boldsymbol{x}$$
$$= \int V(f_n(\boldsymbol{x}))\mu(\boldsymbol{x})d\boldsymbol{x} \leq \frac{1}{n}C_T^2 \tag{28}$$

と評価できる．これは上のような手続きで選ばれた関数 f_n の平均2乗誤差が C_T^2/n 以下になることを示しており，したがって次の定理が成り立つ．

定理3 関数 f の変換 T の絶対積分 C_T が有界ならば，

$$\|f_n(\boldsymbol{x}) - f(\boldsymbol{x})\|_{L^2(R^m),\mu}^2 \leq \frac{1}{n}C_T^2$$

を満たす ϕ_c の重ね合わせが少なくとも1つ存在する． ∎

この近似誤差の評価は変換 T の可積分性を仮定して導かれているので，結局変換 T が $L^1(R^{m+1})$ に属していれば，関数近似における2乗誤差は基底関数の個数の逆数のオーダーで押さえられることがわかる（図15 参照）．

実際に変換 T が $L^1(R^{m+1})$ になる条件は，基底関数によりさまざまなものがあるが，いずれも関数の滑らかさを何らかの形で制限するものであり，ある条件を満たす滑らかな関数は，有限個の基底関数の線形結合で十分よく近似されることを示している．表4に代表的な条件をまとめておく．とくにシグモイド関数を用いた変換からは，図4に例を示したように線形判別関数の適当な組み合わせが任意の判別関数を実現し得ることを示すことができ重要である．

III 推定量を組み合わせる

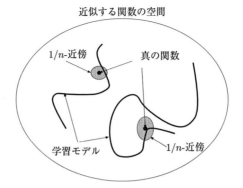

図 15 n 個の重ね合わせによる近似は,真の関数の $1/n$-近傍にある. n が大きくなると真の関数のより近くをモデルが通るようになり,次第に空間が埋められていく.

表 4 $1/n$ の収束性を示す関数空間の例

関数空間	近似法
$\int |\hat{f}(\boldsymbol{\omega})|d\boldsymbol{\omega} < \infty$ (Jones, 1992)	$f(\boldsymbol{x}) = \sum_{i}^{n} c_i \sin(\boldsymbol{a}_i \cdot \boldsymbol{x} - b_i)$
$\int |\boldsymbol{\omega}||\hat{f}(\boldsymbol{\omega})|d\boldsymbol{\omega} < \infty$ (Barron, 1993)	$f(\boldsymbol{x}) = \sum_{i}^{n} c_i \sigma(\boldsymbol{a}_i \cdot \boldsymbol{x} - b_i)$
m 階微分が Hölder 連続 (Murata, 1996)	$f(\boldsymbol{x}) = \sum_{i}^{n} c_i \sigma(\boldsymbol{a}_i \cdot \boldsymbol{x} - b_i)$
$H^{2p,1}(R^m), 2p > m$ (Girosi, 1993)	$f(\boldsymbol{x}) = \sum_{i}^{n} c_i e^{-|\boldsymbol{x}-a|^2/b_i^2}$

ただし σ はシグモイド関数,$H^{2p,1}(R^m)$ は $2p$ 階微分まで可積分なソボレフ空間(Sovolev space)である.

3.2 局所的な拡大

前節で見たように 3 層パーセプトロンの中間層の出力 $\{\phi(\sum_{j} a_j x_j - b_i)\}$ のように,基本となる仮説が一見単純な関数形でも数多く重ね合わせることによって非常に広いクラスの関数を表現できることがわかる. ただし単

純な形とはいえ重ね合わせる仮説は十分な多様性をもっていなくてはいけない．3層パーセプトロンの例では目的とする関数の定義域や滑らかさに応じて実数の広い範囲に渡って結合係数 a, b が自由に動く必要がある．

では基本となる仮説がそれほど大きな多様性をもたない場合にはどのようなことがおこるのであろうか．この場合にもやはり重ね合わせた仮説は本来のモデルの空間から飛び出すことになるが，それがどの程度の利点となるかが問題である．この問いに対する1つの回答はベイズの予測分布に関する漸近特性の幾何学的解釈として Komaki(1996) により与えられている．

(a) ベイズ予測分布

まずベイズ予測分布の考え方を最も単純な場合に限ってまとめておこう．統計モデル

$$\mathcal{P} = \{p(x;\theta) | \theta = (\theta^a) \in \Theta;\ a = 1, \cdots, m\} \quad (29)$$

を考え，分布 $p(x;\theta)$ から得られる独立な観測値 $x_1, x_2, \cdots, x_N$ をもとにして同じ分布から将来得られる新たな観測値 x_{N+1} を予測する問題を考える．観測値 $x_{1 \sim N} = x_1, x_2, \cdots, x_N$ で構成される分布 $\hat{p}(x; x_{1 \sim N})$ で x_{N+1} を予測する．この分布 $\hat{p}(x; x_{1 \sim N})$ を予測分布 (predictive distribution) とよぶ．

予測分布としては $\hat{\theta} = \hat{\theta}(x_{1 \sim N})$ を適当な推定量として統計モデルをそのまま用いた

$$\hat{p}(x; x_{1 \sim N}) = p(x; \hat{\theta}) \quad (30)$$

という分布を利用することが多い．これをプラグイン分布 (plug-in distribution) とよぶ．プラグイン分布を用いて良い予測をするためには結局のところ良い推定量 $\hat{\theta}$ を構成するしかない．しかし真の分布 $p(x; \theta)$ から予測分布 $\hat{p}(x; x_{1 \sim N})$ へのカルバック情報量 (Kullback-Leibler information) またはカルバックダイバージェンス (Kullback-Leibler divergence)

$$D(p(x;\theta) | \hat{p}(x; x_{1 \sim N})) = \int p(x;\theta) \log \frac{p(x;\theta)}{\hat{p}(x; x_{1 \sim N})} dx \quad (31)$$

によって予測の良さを評価する場合，プラグイン分布は必ずしもよくないことが知られている．

予測分布はそれを構成する観測値に依存する確率変数であるので，個々

に評価するよりは観測値に関する平均

$$\int p(x_{1\sim N};\theta)D(p(x;\theta)|\hat{p}(x;x_{1\sim N}))dx_{1\sim N} \qquad (32)$$

を評価するのが自然である．これをリスク関数(risk function)という．またベイズ統計の設定としてパラメタ θ の**事前分布**(prior)として密度関数 $f(\theta)$ が与えられているときには，通常リスク関数を真のパラメタに関して平均したベイズリスク(Bayes risk)

$$\int f(\theta)\int p(x_{1\sim N};\theta)D(p(x;\theta)|\hat{p}(x;x_{1\sim N}))dx_{1\sim N}d\theta \qquad (33)$$

が評価に用いられる．このときどんなプラグイン分布もベイズ予測分布(Bayes predictive distribution)

$$\hat{p}(x;x_{1\sim N}) = \int p(x;\theta)f(\theta|x_{1\sim N})d\theta \qquad (34)$$

$$\text{ただし } f(\theta|x_{1\sim N}) = \frac{f(\theta)p(x_{1\sim N};\theta)}{\int f(\theta')p(x_{1\sim N};\theta')d\theta'} \qquad (35)$$

よりよくはならないことが知られている．式(35)はパラメタの**事後分布**(posterior)であり，観測されたデータに基づいて，どのパラメタがどのくらいの確率で尤もらしいかを表している．したがってベイズ予測分布は，各パラメタでの予測をその尤もらしさで重み付けて平均していると考えることができ，ベイズリスクのもとではこのようにして得られるベイズ予測分布が最良の予測分布となる．ベイズリスクは真の分布がどういうものであるかがわからないときのあくまでも平均的な評価であるので，実際に値を予測するということに関して常にベイズ予測分布がよいというわけではないことに注意する．またベイズリスクはパラメタの事前分布によることに注意する．パラメタの事前分布の選択がベイズリスクの評価に大きく影響するため，平均をとる前のリスク関数を θ の関数として正確に捉え，場合に応じてその挙動を考察する必要がある．

さてここで大事なことはベイズ予測分布はもとの統計モデル $\mathcal{P}$ に属していないことである．つまりモデルに属さない予測分布を採用することによりプラグイン分布よりも予測を改善することができる可能性があることを

上の議論は主張しているわけである．

以上のようなベイズ統計に関する議論についてはAitchison(1975)，Akaike(1978)なども参照されたい．

(b) モデル拡大の幾何学的な関係

以下では予測が改善される仕組みを幾何学的に考えてみることにする．統計モデル $\mathcal{P}$ 上の1点 θ において，$p(x;\theta)$ の作る分布の空間と直交する方向を $h(x;\theta)$ とする．真の分布が $p(x;\theta)$ であるときに，その分布から得られた観測値 $x_{1\sim N}$ に基づいて得られた推定値を $\hat{\theta}$ とする．一般に $\hat{\theta}$ は θ と一致しないので，当然 $p(x;\theta)$ とプラグイン分布 $p(x;\hat{\theta})$ は一致しないが，$h(x;\hat{\theta})$ を用いて

$$\hat{p}(x;\hat{\theta},\hat{n}) = p(x;\hat{\theta}) + \hat{n}h(x;\hat{\theta}) \tag{36}$$

とすることによりモデル $\mathcal{P}$ を飛び出した分布を構成すると，プラグイン分布 $p(x;\hat{\theta})$ より真の分布 $p(x;\theta)$ に近くすることができる．真の分布 $p(x;\theta)$ は未知なので，飛び出し方は観測値による推定量の分布を考えて平均的な意味での最適化を考える必要があるが，上で述べたようなモデルの外への拡大がベイズ予測分布によるリスクの改善の基本的な原理である(図16)．

もうすこし精密に記述するためには以下のような微分幾何的な準備が必

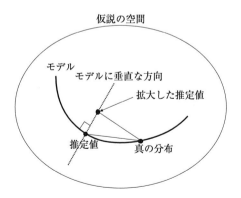

図16 モデルの局所的な拡大．推定値において，モデルのなす方向と直交する方向に少し飛び出すことによってモデルの中に含まれる分布より真の分布に近づくことができる．

要となる．まず統計モデル $\mathcal{P}$ の 1 点 $P = p(x;\theta)$ における接空間 T_P を考える．これは $p(x;\theta)$ の θ の成分による偏微分

$$\partial_a p = \frac{\partial}{\partial \theta^a} p(x;\theta), \quad a = 1, \cdots, m \tag{37}$$

によって張られる空間である．つまり

$$T_P = \left\{ \sum_{a=1}^{m} \alpha_a \partial_a p; \ \alpha \in R \right\} \tag{38}$$

となる．また接空間 T_P に含まれる関数 r, s の内積を

$$\langle r, s \rangle = \int r s \frac{1}{p} dx \tag{39}$$

で定義する．とくに $p(x;\theta)$ の偏微分の内積

$$g_{ab} = \langle \partial_a p, \partial_b p \rangle = \int \partial_a p \partial_b p \frac{1}{p} dx \tag{40}$$

はフィッシャー情報行列 (Fisher information matrix) の成分になることに注意する (図 17)．

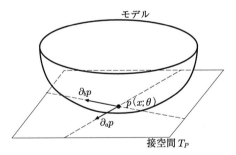

図 17 モデルの接空間．接空間に含まれる成分の内積はフィッシャー情報量を計量として定義される．

次に双対な接続を次のように定義する．

$$\overset{\mathrm{m}}{\Gamma}_{abc} = \int \partial_a \partial_b p \partial_c p \frac{1}{p} dx = \langle \partial_a \partial_b p, \partial_c p \rangle \tag{41}$$

$$\overset{\mathrm{e}}{\Gamma}_{abc} = \overset{\mathrm{m}}{\Gamma}_{abc} - T_{abc} \tag{42}$$

$$T_{abc} = E(\partial_a l \partial_b l \partial_c l) \tag{43}$$

ただし $l = \log p$ で，平均は p でとるものとする．$\overset{m}{\Gamma}_{abc}, \overset{e}{\Gamma}_{abc}$ はそれぞれ m-接続，e-接続とよばれる接続であり，統計モデルを微分幾何の観点から論じる情報幾何においては中心的な役割を果たすものである．詳しくは甘利と長岡(1993)，Amari(1985)，Barndorff-Nielsen(1988)，Murrey と Rice(1993) などの情報幾何の教科書を参照してほしい．

さて以上の準備のもとに以下の 2 つの定理が成り立つ(Komaki, 1996)．

定理 4 プラグイン分布を統計モデルと直交する方向へ拡大する場合，リスク関数を漸近的に最適に改善するという意味での最適な拡大は以下で与えられる．

$$\hat{p}(x; \hat{\theta}, \hat{n}) = p(x; \hat{\theta}) + \frac{1}{2N}\Delta(x; \hat{\theta}) \tag{44}$$

ただし $\Delta(x; \hat{\theta}) = g^{ab}(\hat{\theta})\{\partial_a\partial_b p(x; \hat{\theta}) - \overset{m}{\Gamma}{}^c_{ab}\partial_c p(x; \hat{\theta})\}$

定理 5 事前分布 $f(\theta)$ のもとにおけるベイズ予測分布は漸近的に以下のように展開される．

$$\hat{p}(x; x_{1\sim N}) = p(x; \hat{\theta}) + \frac{1}{2N}\Delta(x; \hat{\theta}) + \frac{1}{N}\tilde{\Delta}_f(x; \hat{\theta}) + O(N^{-1}) \tag{45}$$

ただし $\Delta(x; \hat{\theta}) = g^{ab}(\hat{\theta})\{\partial_a\partial_b p(x; \hat{\theta}) - \overset{m}{\Gamma}{}^c_{ab}\partial_c p(x; \hat{\theta})\}$

$\tilde{\Delta}_f(x; \hat{\theta}) = \{\partial_a \log f(\hat{\theta}) - \overset{e}{\Gamma}{}^b_{ab}\}g^{ac}(\hat{\theta})\partial_c p(x; \hat{\theta})$

ここで $\hat{\theta}$ は最尤推定量とする．

まず記法についての注意であるが，同じ添字が上下に現れている場合，その添字の集合に関する和をとる Einstein の記法を用いている．たとえば

$$g^{ab}g_{ac} = \sum_{a=1}^{m} g^{ab}g_{ac}$$

である．また g^{ab} はフィッシャー情報行列 (g_{ab}) の逆行列の ab 成分を表している．つまり $(g^{ab}) = (g_{ab})^{-1}$ である．また

$$\overset{m}{\Gamma}{}^c_{ab} = \overset{m}{\Gamma}_{abd}\, g^{cd}, \quad \overset{e}{\Gamma}{}^c_{ab} = \overset{e}{\Gamma}_{abd}\, g^{cd}$$

である．

定理 5 から，ベイズ予測分布は漸近的に最尤推定量のプラグイン分布に Δ と $\tilde{\Delta}_f$ という 2 種類の変更を行っていることがわかる．Δ と $\tilde{\Delta}_f$ の直感

的な意味は次の通りである(図18参照). まず $\overset{m}{\Gamma}$ が $\partial\partial p$ を ∂p の方向に射影したときの大きさを表していることから, $\overset{m}{\Gamma}\partial p$ は $\partial\partial p$ の接空間 T_P に含まれる成分を表している. したがって Δ は $\partial\partial p$ から T_P 成分を除いたもの, つまり Δ は T_P に直交する方向を向いている. 一方, $\tilde{\Delta}_f$ は ∂p の線形結合なので, 接空間 T_P に含まれている. したがってそれぞれの変更は直交しており, 事前分布 f によらずに統計モデルの直交方向に飛び出す成分 Δ と事前分布 f に応じて統計モデルに平行な方向に移動する成分 $\tilde{\Delta}_f$ であることがわかる. 定理4はどのくらい直交方向に飛び出すと最適となるかを述べており, モデルの拡大という点ではベイズ予測分布は自動的に最適化を行っていることがわかる. またモデルに平行な成分は事前分布によるため, 事前分布の選択に依存することがわかる. この平行な成分の最適性は, たとえば最尤推定量のバイアスなどの観点から議論され, それにしたがって最適な事前分布をどう選択するべきかといった議論に繋がる.

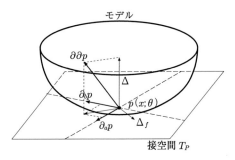

図18 ベイズ予測分布におけるモデル拡大の幾何学的関係. 拡大はモデルの接空間に直交する方向と, 平行な方向に行われる. 直交する方向へは最適な拡大が自動的に行われるが, 平行な方向は事前分布に依存する.

以上の議論は真の分布がモデルの中に含まれている場合を想定して厳密に行われているが, 真の分布がモデルに含まれない場合についても容易に拡張できる. また条件付き分布 $p(y|x)$ についても同様な議論が可能であり, 局所的なモデルの拡大による性能の向上を定性的に理解することができる. 証明の詳細は Komaki(1996) を参照されたい.

4 バギング

バギング(bagging)は bootstrap **ag**gregating を省略した造語 bag に由来し，その名の示すようにブートストラップ法(bootstrap method)により例題をリサンプリングして異なる仮説を多数作り，それから**集合体を構成**(aggregating)することによって最終的な仮説を作る方法一般を指す(Breiman, 1994; Tibshirani and Knight, 1995)．判別問題では一般に最終結果は多数決により決められる．すなわち 2 値の判別問題では多いほう，多数のクラスの問題では最頻値，つまり最も多くの仮説が支持したラベルになる．回帰問題の場合には平均値や中央値が使われることが多い．非常に単純ではあるが，2 章のベンチマークで見たように場合によっては頑健な学習機械を作る強力な手法である．

本章ではまずブートストラップ法の概要を述べた上で，バギングについて説明をする．

4.1 ブートストラップ法

ブートストラップ法の基本的な目的は推定量の分布を求めることにある．統計的漸近論によれば推定量の分布は多くの場合正規分布に近づいていくが，この収束の速さは対象とする確率変数の密度関数に依存するので，小数サンプルの場合は正規分布とは大きく異なる分布となる場合がある(図 19 参照)．この推定量の分布を復元抽出を用いた大量の繰り返し計算によって数値的に推定する方法がブートストラップ法である．

以下のような問題を考えよう．統計モデル

$$\mathcal{P} = \{p(x;\theta)|\theta = (\theta^a) \in \Theta;\ a = 1,\cdots,m\}$$

を考え，$x_1, x_2, \cdots, x_N$ を確率密度 $p(x;\theta)$ をもつ分布 P から得られた独立な観測値，$\hat{\theta}_N = \hat{\theta}(x_1,\cdots,x_N) = \hat{\theta}(x_{1\sim N})$ を θ の推定値とする．たとえば

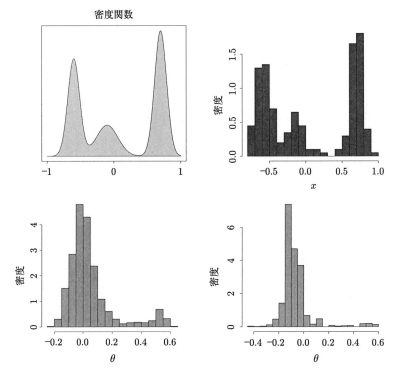

図 19 推定量の分布のブートストラップ法による推定．上段左は確率変数の従う確率密度関数，右は独立な 200 個の観測値から作ったヒストグラムである．下段左は，200 個の観測値から計算される中央値の分布を 1000 組の観測値から計算し，ヒストグラムにしたものである．右は 200 個の観測値から 1000 組のブートストラップサンプルをとり，その中央値の分布をヒストグラムにしたものである．中央値の分布は観測値が十分多ければ正規分布に近づいていくが，もとの確率密度の多峰性のため 200 個程度の観測値は十分に多いとはいえず，これらから計算される中央値は正規分布には従わない．ブートストラップ法による中央値の分布の推定は，この特徴をかなりよく捉えていることがわかる．

$$V(\hat{\theta}_N) = E_P((\hat{\theta}_N - E_P(\hat{\theta}_N))^2) \quad \text{(分散)}$$
$$B(\hat{\theta}_N) = E_P(\hat{\theta}_N) - \theta \quad \text{(偏差)}$$
$$D(\hat{\theta}_N) = \Pr{}_P\{\hat{\theta}_N \leq x\} \quad \text{(分布)}$$

などの量を推定することを考える．$E_P, \Pr_P$ は観測値が従う分布が P であるときの平均および確率値を表す．分布 P は未知なのでこれらを直接計算することはできないので，代わりに以下のように定義される量を考える．

$$\tilde{V}_B(\hat{\theta}_N) = E_{\tilde{P}}((\hat{\theta}_N - E_{\tilde{P}}(\hat{\theta}_N))^2)$$
$$\tilde{B}_B(\hat{\theta}_N) = E_{\tilde{P}}(\hat{\theta}_N) - \hat{\theta}_N$$
$$\tilde{D}_B(\hat{\theta}_N) = \Pr{}_{\tilde{P}}\{\hat{\theta}_N \leq x\}$$

ただし $\tilde{P}$ は $x_1, x_2, \cdots, x_N$ から構成される経験分布であり，真の分布 P による平均操作を経験分布 $\tilde{P}$ に置き換えたときの推定量 $\hat{\theta}_N$ の分散，偏差，分布関数を考えていることになる．これが本来ブートストラップ推定量(bootstrap estimator)とよばれる推定量である．ところが，実際にこれらを数学的に求めることはむずかしい場合が多く，応用上は以下のような方法が使われる(Efron and Tibshirani, 1993)．

ステップ 1 与えられた観測値から経験分布 $\tilde{P}$ をつくる．またこの観測値による推定値 $\hat{\theta}_N = \hat{\theta}(x_{1 \sim N})$ を計算する．

ステップ 2 経験分布 $\tilde{P}$ より m 回復元抽出(sampling with replacement)を行い，大きさ m の標本 $x_1^*, \cdots, x_m^*$ をとる．これに基づく推定値 $\hat{\theta}_m^* = \hat{\theta}(x_{1 \sim m}^*)$ を計算する．

ステップ 3 ステップ 2 を B 回繰り返し，推定値 $\hat{\theta}_m^{*(1)}, \hat{\theta}_m^{*(2)}, \cdots, \hat{\theta}_m^{*(B)}$ を計算する．これを用いて分散，偏差，分布の推定値

$$\tilde{V}_B = \frac{1}{B-1} \sum_{b=1}^{B} (\hat{\theta}_m^{*(b)} - \bar{\theta}_m^*)^2$$
$$\tilde{B}_B = \bar{\theta}_m^* - \hat{\theta}_n$$
$$\tilde{D}_B = \frac{|\{b|\hat{\theta}_m^{*(b)} \leq x\}|}{B}$$

を得る．ただし

$$\bar{\theta}_m^* = \frac{1}{B}\sum_{b=1}^{B}\hat{\theta}_m^{*(b)}$$

であり，$|\cdot|$は集合の要素数を表す．
これがいわゆるブートストラップ推定量とよばれるものである．

もし$\hat{\theta}_N$が十分滑らかな統計的汎関数で表されるのならば，ブートストラップ推定量の漸近的一致性は保証される．しかしながら一般的なブートストラップ推定量の有効性に関する議論はなく，より詳細な研究が望まれるところである．

4.2 バギング

バギングの一般的な手続きは次のようになる．

まずN個の例題$(x_1, y_1), \cdots, (x_N, y_N)$からなる訓練集合(training set)が与えられているとする．

ステップ1 例題よりm回復元抽出し例題を集め，これを用いて仮説hを学習する．

ステップ2 ステップ1をB回行い，仮説をB個$\{h(x; \theta_i); i=1, \cdots, B\}$構成する．

ステップ3 回帰問題の場合には

$$H(x) = \frac{1}{B}\sum_{i=1}^{B} h(x; \theta_i) \tag{46}$$

により，判別問題では

$$H(x) = \underset{y \in \mathcal{Y}}{\operatorname{argmax}} |\{i | h(x; \theta_i) = y\}|$$
$$= \underset{y \in \mathcal{Y}}{\operatorname{argmax}} \sum_{i=1}^{B} I(h(x; \theta_i) = y) \tag{47}$$

により最終的な仮説を構成する．
具体的な例として簡単な2次元上の2値の判別問題にバギングを適用して，その働きを見てみることにしよう．

入力空間として2次元の有界領域$D = [-2, 2] \times [-2, 2]$を考える．この領

域内で曲線 $x_1 = \sin(0.75\pi x_2)$, $(x_1, x_2) \in D$ で分割される2つの領域に2値 $\{-1, +1\}$ を割り当てる．図20は領域 D 上の一様分布に従って観測された1000個の例題で，割り当てられた2値を中抜きと塗り潰しで表している．学習モデルは中間素子4個の3層パーセプトロンを用いた．3層パーセプトロンは入力 $x = (x_1, x_2)$ に対して出力が

$$f(x;\theta) = \sum_{i=1}^{4} c_i \tanh(a_{i1}x_1 + a_{i2}x_2 - b_i)$$

で計算されるものであり，パラメタは $\theta = (a_{i1}, a_{i2}, b_i, c_i; i = 1, \cdots, 4)$ の計16個である．判別は3層パーセプトロンの出力の符号 $\mathrm{sign}(f(x;\theta))$ を用いるが，望ましい出力が y であるときの誤差は単純に2乗誤差

$$(y - f(x;\theta))^2$$

で定義し，学習方法としてはこの誤差の偏微分を用いた確率降下法(誤差逆伝播学習法(error back-propagation))を用いた．

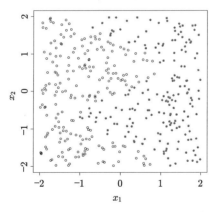

図 **20** 学習に用いた例題．例題数は 1000 個で，$[-2, 2] \times [-2, 2]$ 上の一様分布で生成した．境界は $x_1 = \sin(0.75\pi x_2)$ で表される．ラベルの違いは中抜きと塗り潰しで表している

図21にブートストラップサンプルと，それによる学習結果の例を示す．リサンプリング数は1000個であるが，復元抽出のため重複してサンプルされた例題もあることに注意する．この2つの結果を比較するとブートストラップサンプルはあまり大きな違いは見られないにもかかわらず，学習結

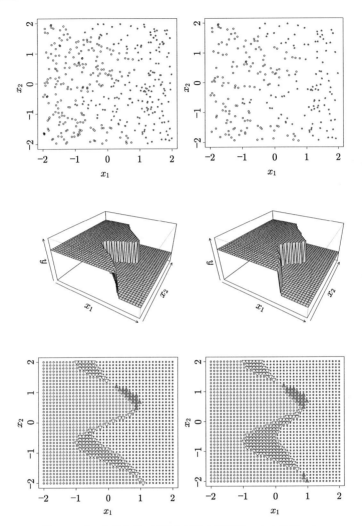

図 21 ブートストラップサンプルと弱仮説．上からブートストラップにより得られた例題，その例題により学習された判別機，および適当な大きさの格子点上の値の判別結果を示している．下段の判別結果における塗り潰しと中抜きは判別機の出力を表し，三角は判別の誤りを表している．左右は別のブートストラップサンプルによる学習結果である．

果の判別曲面に大きな違いが出ている．3層パーセプトロンはパラメタの初期値の違いなどにより，例題の微小な違いが大きく結果を左右する場合があることが知られている．

図22はブートストラップによる仮説の生成を10回行い，バギングした結果である．この例では誤り率が大きく改善されるわけではないが，4つの中間素子では区分線形に近かった境界面が異なる学習結果が統合され滑らかで安定した判別曲面に変わっている．

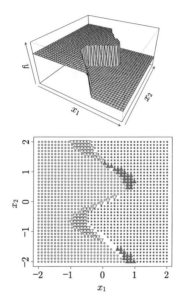

図 22 バギングによる最終結果．10個の仮説の均等な多数決により得られた判別機とその判別結果を表している．

バギングの働きは推定量の偏りと分散の関係から説明されることが多い．推定量は与えられる観測値によって異なるが，この推定量の分布で平均した仮説を

$$\bar{h}(x) = E(h(x;\theta))$$

と書くことにする．以降とくに断わらない限り添字のない平均は推定量の分布に関してとるものとする．単一の仮説の平均2乗誤差の推定量の分布に関する平均を

$$e = E\{E_P((Y-h(X;\theta))^2)\}$$

推定量の分布に関して平均をとった仮説の平均 2 乗誤差を

$$\bar{e} = E_P((Y-\bar{h}(X))^2)$$

とすると次の関係が成り立つ.

$$\begin{aligned}
e &= E_P\{E((Y-h(X;\theta))^2)\} \\
&= E_P\{E((Y-\bar{h}(X)+\bar{h}(X)-h(X;\theta))^2)\} \\
&= E_P\{E((Y-\bar{h}(X))^2 + 2(Y-\bar{h}(X))(\bar{h}(X)-h(X;\theta)) \\
&\quad + (\bar{h}(X)-h(X;\theta))^2)\} \\
&= E_P\{(Y-\bar{h}(X))^2\} + E_P\{E((\bar{h}(X)-h(X;\theta))^2)\} \\
&= \bar{e} + E_P\{E((\bar{h}(X)-h(X;\theta))^2)\}
\end{aligned}$$

最後の行の第 2 項は推定量の違いによる仮説の分散を表しているので明らかに正であり,結局 $e \geq \bar{e}$ がいえる.すなわち上で定義した平均 2 乗誤差の意味では,平均した仮説 $\bar{h}$ のほうが単一の仮説 h を用いるより良い推定が行えることになる.しかしながら推定量の分布は未知であるので,これをブートストラップ推定量で置き換えたものがバギングであると考えることができる.

　推定量の分散が大きいということは,推定量が観測値の違いによる影響を受けやすい,つまり推定量が不安定であることを意味する.バギングは平均 2 乗誤差を減少させることによって不安定な推定量を安定にする働きがあると考えられ,また不安定な推定量ほどその効果は大きいと予想される.とくに弱仮説としてニューラルネットワークのように局所解に捕われやすかったり,また特定の例題に過剰に適応する**過学習**(overtraining または overfitting)をおこしやすい,ある意味で不安定な学習機械に使う場合にバギングは有利であるといわれている.各仮説は過学習をおこしているかもしれないが,ブートストラップサンプルによる例題の違いからそれぞれが別の入力に対して過学習をおこしているのであれば,バギングによって平均化することによって最終的な出力は安定化されることが期待される.

　特別な場合として仮説が確率密度を表しており,最尤推定によってそのパラメタを選択するときには,バギングの結果をベイズ的な予測分布とし

て捉えることができる．パラメタの事前分布が無情報(non-informative)な一様分布であるとすれば事後分布は尤度関数に比例するが，この分布は漸近的には最尤推定量を中心としてフィッシャー情報行列の逆行列が分散共分散行列となる多変量正規分布に近づいていく．ブートストラップ法の本来の目的は推定量の従う分布を模擬することであったが，ブートストラップ法により得られる推定値は漸近的には最尤推定量を中心に分散共分散行列がフィッシャー情報行列の逆行列となる多変量正規分布に近づいていく．すなわち適当な正則条件のもとで例題数が十分多ければ，事後分布とブートストラップ法による推定量の分布は等しいと考えられ，バギングは無情報事前分布におけるベイズ予測分布を多数の仮説の和によって模しているになる．したがって漸近的には3章で議論したモデルと直交する方向への局所的な拡大を行っていると考えられる．

しかしながら実際の問題においてこのような局所的な構造だけが誤差の改善に繋っているわけではないことも指摘されている．とくにニューラルネットワークのように多数の局所解が存在するような状況では，いつでも最適なパラメタが得られるとは限らない．このためバギングは準最適な推定量を多数集めて安定化，頑健化しているという側面もある(図23)．このとき安定性は局所解の性質，たとえば局所解がどのくらい最適解に近いかとか，どんな分布になっているかといった性質に強く依存する．バギング

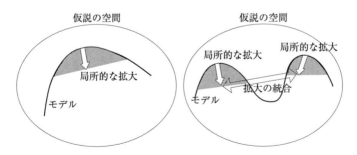

図 23 バギングにおけるモデルの拡大の概念図．単一の局所的な拡大(左)だけでなく，それらを更に混合した拡大(右)により，複雑なモデルを形成している．

の理論的な解析には Krogh と Sollich(1997)のように統計物理の理論を応用したものもあるが，より詳細な研究が待たれるところである．

5 ブースティング

ブースティング(boosting)は逐次的に例題の重みを変化させながら異なる学習機械を作り，これを組み合わせて精度の高い学習機械を構成する手法である．学習アルゴリズムの精度を**増強**(boost)するという意味でこの言葉が使われる．

もともとこの問題は Kearns と Valiant の投げかけた「ランダムな推測をするよりほんのちょっとだけ良い推測をする学習機械を作り出す「弱い」学習アルゴリズムは，任意の精度を達成する「強い」学習アルゴリズムに変えることができるか」という問いに出発している．この問い対して最初にその可能性を論じたのは Schapire(1990)である．Schapire の提案した方法は例題をフィルタリングしながらサンプリングするというものでフィルタによるブースティング(boosting by filter)ともよばれる．この方法は非常に多数の例題を自由にサンプリングできるという状況下でしか使えないが，その後サンプリングに頼らず限られた例題のみを用いて例題の重みを変えながら学習機械を構成していくという形に発展した．その代表的なアルゴリズムとして **AdaBoost** がある．

この章では判別問題を考え，主に 2 値の問題について具体的なアルゴリズムを書き下し，フィルタによるブースティングと AdaBoost の具体的な構成と性質を述べる．

5.1 フィルタによるブースティング

以下では入力 x に対してそのラベル $y = \{-1, +1\}$ を予測する 2 値の判別問題を考える．入力 x に対して ± 1 をランダムに出力した場合その誤り率

は当然 0.5 となるが，このようなランダムな予測をランダムゲス(random guess)という．ある学習アルゴリズムがランダムゲスより多少とも誤り率を小さくする仮説を，例題の数の多項式オーダーの時間で構成することができるとする．このようなアルゴリズムは弱い学習アルゴリズム(weak learning algorithm, weak learner または base learner)とよばれ，学習された仮説は弱仮説(weak hyposesis)とよばれる．一方，任意の $\delta > 0$ と $\varepsilon > 0$ を与え，$1-\delta$ 以上の確率で誤り率を ε 以下にする仮説を例題の数と δ, ε の逆数の多項式オーダーの時間で構成することができるアルゴリズムは強い学習アルゴリズム(strong learning algorithm または strong learner)とよばれる．

以下に述べるフィルタによるブースティング(boosting by filter)は弱い学習アルゴリズムによって作られる弱仮説を逐次的に 3 つ生成し，その多数決をとることによってより誤り率を小さくする構成的な手続きを与えたものである．

ステップ 1　N_1 個の例題を観測し，学習アルゴリズムにより第 1 の仮説を生成する．

ステップ 2　第 1 の仮説をフィルタとして使い，次のようにして新しく例題を集める．

- 偏りのない(裏表が等確率で出る)コインを投げる($-1, 1$ が等確率となる乱数を生成する)．
- 表が出た場合，第 1 の仮説が誤って判別する例題が出るまで，例題を観測し捨てる．
- 裏が出た場合，第 1 の仮説が正しく判別する例題が出るまで，例題を観測し捨てる．
- これを繰り返し，N_1 個の例題が集まるまで続ける．

以上のようにして集められた例題は，第 1 の仮説での正答率が 1/2 となることに注意する．もちろんこの例題は恣意的な取捨選択を行っているので，もともと例題の従う確率法則とは異なる分布に従っている．この例題を用いて，第 2 の仮説を学習させる．

ステップ 3　第 1 と第 2 の仮説をフィルタとして使い，次のようにして例題を集める．

- 例題を観測し,第 1 の仮説と第 2 の仮説に判別させる.両者の判定が同じなら捨て,異なったらとっておく.
- これを繰り返し,N_1 個の例題が集まるまで続ける.

こうして集められた例題を用いて,第 3 の仮説を学習させる.

ステップ 4　判別は 3 つの仮説の均等な多数決によって行う.

上のアルゴリズムの働きを,前章のバギングで用いた例を使って検証したものを図 24,図 25 に示す.極端に偏ったサンプリングによって各仮説

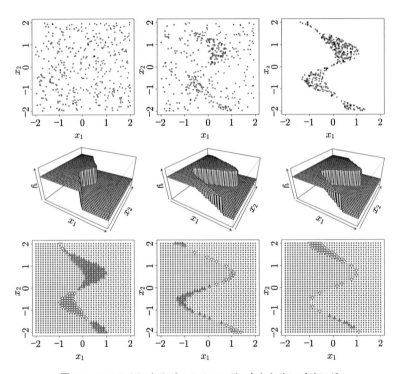

図 24　フィルタによるブースティング.上からサンプリングされた例題,その例題により学習された判別機,および適当な大きさの格子点上の値の判別結果を示している.下段の判別結果における中抜きと塗り潰しは判別機の出力を表し,三角は判別の誤りを表している.左から順に第 1,第 2,第 3 の仮説を表している.前の仮説が間違えたところから集中的にサンプリングされている様子がわかる.

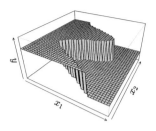

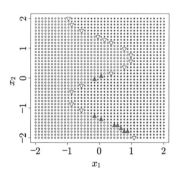

図 25 フィルタによるブースティングの最終結果．3つの仮説の均等な多数決により得られた判別機とその判別結果を表している．

が大きく異なったものとなり，効率的に学習が行われている様子がわかる．

フィルタによるブースティングにおいて，その誤り率の改善に関しては以下の定理が成り立つ．

定理6 3つの仮説がそれぞれの学習に使った例題に対して誤り率が ε 以下であったとする．このとき組み合わせた仮説の誤り率は

$$g(\varepsilon) = 3\varepsilon^2 - 2\varepsilon^3 \tag{48}$$

以下になる．

上の関数 g は図 26 の通りであるので，単純に弱い学習アルゴリズムを用いて得られた第1の仮説の誤り率 ε が 1/2 以下であれば，組み合わせた仮説の誤り率はそれより必ず小さくできる．したがってフィルタによるブースティングを繰り返し用いることによって誤り率を任意に小さくすることができるため，弱い学習アルゴリズムが強い学習アルゴリズムと等価であ

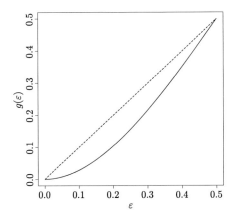

図 26 誤り率の改善．フィルタによるブースティングで作られた各仮説の誤り率と 3 つの仮説の多数決をとった誤り率の関係は，各仮説の誤り率 ε（点線）より多数決による誤り率 $g(\varepsilon)$（実線）が下側にあるので，必ず多数決をとった結果のほうが改善される．

ることがわかる．

以下に定理の証明を与える．

［証明］ 上記のアルゴリズムで作られた仮説 h_1, h_2, h_3 の学習時における誤り率をそれぞれ $\varepsilon_1, \varepsilon_2, \varepsilon_3$ とする．

$$\varepsilon_1 = \Pr\nolimits_{D_1}\{h_1(X) \neq c(X)\}$$
$$\varepsilon_2 = \Pr\nolimits_{D_2}\{h_2(X) \neq c(X)\}$$
$$\varepsilon_3 = \Pr\nolimits_{D_3}\{h_3(X) \neq c(X)\}$$
$$\varepsilon_1, \varepsilon_2, \varepsilon_3 \leq \varepsilon$$

D_1, D_2, D_3 は学習用の例題を生成するために用いた分布を表し，c は真の判別関数を表す．ただし D_1 はとくに変更を加えていないので真の分布 D に等しいことに注意する．

ここで h_1, h_2 の誤り方に応じて，真の分布 D のもとでの次の 4 つの確率を定義する．

$$p = \Pr_D\{h_2(X) \neq h_1(X) = c(X)\} \quad (h_1 \text{ のみ正しい})$$
$$q = \Pr_D\{h_1(X) = h_2(X) = c(X)\} \quad (h_1, h_2 \text{ ともに正しい})$$
$$r = \Pr_D\{h_1(X) \neq h_2(X) = c(X)\} \quad (h_2 \text{ のみ正しい})$$
$$s = \Pr_D\{h_1(X) = h_2(X) \neq c(X)\} \quad (h_1, h_2 \text{ ともに誤り})$$

このとき $D_1 = D$ であるので明らかに
$$p + q = \Pr_D\{h_1(X) = c(X)\} = 1 - \varepsilon_1$$
$$r + s = \Pr_D\{h_1(X) \neq c(X)\} = \varepsilon_1$$

D_2 の構成方法からわかるように

$$\Pr_{D_1}\{h_1(X) = h_2(X) = c(X)\} : \Pr_{D_2}\{h_1(X) = h_2(X) = c(X)\}$$
$$= 1 - \varepsilon_1 : 1/2$$
$$\Pr_{D_1}\{h_1(X) \neq h_2(X) = c(X)\} : \Pr_{D_2}\{h_1(X) \neq h_2(X) = c(X)\}$$
$$= \varepsilon_1 : 1/2$$

であり,

$$\Pr_{D_2}\{h_2(X) = c(X)\}$$
$$= \Pr_{D_2}\{h_1(X) = h_2(X) = c(X)\} + \Pr_{D_2}\{h_1(X) \neq h_2(X) = c(X)\}$$
$$= 1 - \varepsilon_2$$

である(図 27 参照)ことを用いると

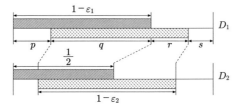

■■■ : 第 1 の仮説 h_1 が正しく答える領域
▨▨▨ : 第 2 の仮説 h_2 が正しく答える領域

図 27 分布 D_1, D_2 の関係. 例題をフィルタリングすることによって,どのように第 1,第 2 の仮説での誤り率が変わるかを直観的に示している.

$1 - \varepsilon_2$

$$= \frac{\Pr_{D_1}\{h_1(X) = h_2(X) = c(X)\}}{2(1 - \varepsilon_1)} + \frac{\Pr_{D_1}\{h_1(X) \neq h_2(X) = c(X)\}}{2\varepsilon_1}$$

$$= \frac{q}{2(1 - \varepsilon_1)} + \frac{r}{2\varepsilon_1}$$

という関係が成り立つ. 以下の不等式を証明するためにこれを

$$p + r = \frac{r}{\varepsilon_1} - (1 - 2\varepsilon_2)(1 - \varepsilon_1)$$

$$s = \varepsilon_1 - r$$

と書き直しておく.

最終的に得られた仮説 h の誤り率は

$$\Pr_D\{h(X) \neq c(X)\}$$
$$= \Pr_D\{(h_1(X) = h_2(X) \neq c(X))$$
$$\quad または\ (h_1(X) \neq h_2(X)\ かつ\ h_3 \neq c(X))\}$$
$$= \Pr_D\{h_1(X) = h_2(X) \neq c(X)\}$$
$$\quad + \Pr_D\{h_1(X) \neq h_2(X)\} \Pr_{D_3}\{h_3 \neq c(X)\}$$
$$= s + \varepsilon_3(p + r)$$
$$\leq s + \varepsilon(p + r)$$
$$= \varepsilon_1 + \frac{r(\varepsilon - \varepsilon_1)}{\varepsilon_1} - \varepsilon(1 - 2\varepsilon_2)(1 - \varepsilon_1)$$
$$\leq \varepsilon_1 + \frac{\varepsilon_1(\varepsilon - \varepsilon_1)}{\varepsilon_1} - \varepsilon(1 - 2\varepsilon_2)(1 - \varepsilon_1)$$
$$= \varepsilon - \varepsilon(1 - 2\varepsilon_2)(1 - \varepsilon_1)$$
$$\leq \varepsilon - \varepsilon(1 - 2\varepsilon)(1 - \varepsilon)$$
$$= 3\varepsilon^2 - 2\varepsilon^3$$

ただし不等号は $r \leq \varepsilon_1$ および $\varepsilon_i \leq \varepsilon < 1/2$ より

$$1 - \varepsilon_1 \geq 1 - \varepsilon > 0$$
$$1 - 2\varepsilon_2 \geq 1 - 2\varepsilon > 0$$

が成り立ち, したがって

$$-(1-2\varepsilon_2)(1-\varepsilon_1) \leq -(1-2\varepsilon)(1-\varepsilon)$$

であることを用いている.

現実問題に適用した場合，この方法の欠点となるのは必要な例題が非常に多くなる場合があるということである．実際に学習に使用する例題の総数は $3N_1$ 個であるが，第 2，第 3 の仮説の学習のためにせっかく観測した例題の一部を捨てている．仮説の誤り率をそれぞれ $\varepsilon_1, \varepsilon_2, \varepsilon_3$ とし，捨て去った例題も含め第 2，第 3 の仮説の学習のために観測した例題の総数をそれぞれ N_2, N_3 とする．第 2 の仮説のための例題を作る段階で，誤った例題 1 つを見つけるのに平均何個の例題が必要かを考えると，

$$1 \times \varepsilon_1 + 2 \times (1-\varepsilon_1)\varepsilon_1 + 3 \times (1-\varepsilon_1)^2 \varepsilon_1 + \cdots$$
$$= \sum_{k=1}^{\infty} k(1-\varepsilon_1)^{k-1}\varepsilon_1$$
$$= \frac{1}{\varepsilon_1}$$

となる．あるいは K 個の例題のうち平均 $K\varepsilon_1$ 個が目的のものなので，目的にかなう例題 1 個を得るためには

$$K\varepsilon_1 = 1 \Rightarrow K = \frac{1}{\varepsilon_1}$$

個の例題を観測しなくてはならないと考えてもよい．正しい例題を得るために必要な観測の回数も同様にして考えられるので，第 2 の仮説を学習するための例題の収集には平均で

$$N_2 = N_1 \left(\frac{1}{2} \times \frac{1}{\varepsilon_1} + \frac{1}{2} \times \frac{1}{1-\varepsilon_1} \right)$$
$$= \frac{N_1}{2\varepsilon_1(1-\varepsilon_1)}$$

個の例題を観測しなくてはいけないことがわかる．また第 3 の仮説のための例題は，第 1 の仮説と第 2 の仮説の出力が異なる確率を考えなくてはいけないが，今それぞれの誤り率を $\varepsilon_1, \varepsilon_2$ としているので，この確率は $\varepsilon_1 + \varepsilon_2$ を越えることはない．したがって平均として必要な例題の観測回数は

$$N_3 = \frac{N_1}{\varepsilon_1 + \varepsilon_2}$$

より少なくなることはない．以上より $3N_1$ 個の例題を集めるためには平均

$$\left(1 + \frac{1}{2\varepsilon_1(1-\varepsilon_1)} + \frac{1}{\varepsilon_1 + \varepsilon_2}\right) N_1 \tag{49}$$

回以上の例題を観測する必要があることがわかる．簡単のため $\varepsilon_1 = \varepsilon_2 = \varepsilon$ とすると図 28 に示したように ε が小さくなるほど大きくなる．これは誤り率の小さい良い学習アルゴリズムほどブースティングするためには例題をたくさん無駄にしなくてはならず，言い換えるとブースティングしにくいことがわかる．

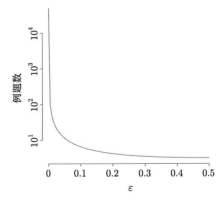

図 28　必要な例題数．学習に使う $3N$ 個の例題を集めるために平均何倍の例題を観測する必要があるかを示したもの．仮説の誤り率 ε が小さくなると仮説が間違える例題が出てくるまで多くの例題を捨てなくてはいけない．縦軸は何倍かを対数で表示しており，たとえば $\varepsilon = 0.05$ だと約 10 倍の例題を観測しなくてはいけないことがわかる．

例題の収集に時間がかかるという点では問題であるものの，例題をいくらでも観測できるような状況ではあまり問題にならないが，たとえば文字認識の問題のように例題を収集することに非常にコストがかかる場合が現実問題ではしばしばある．そのような状況では新たに例題を観測するより，むしろすでに収集した例題をうまく利用する必要がある．Freund(1995)は

限られた例題から部分的なサンプリングを行うことによりこの問題を回避する方法を提案しているが，十分とはいえなかった．以上のような事情が次に述べる方法が開発された直接の動機といえる．

5.2 AdaBoost

初期のブースティングの実際上の問題点を解決すべく Freund と Schapire (1997)によって提案されたアルゴリズムが以下で述べる **AdaBoost** である．

AdaBoost では弱仮説を得るための学習アルゴリズムが $t=1,\cdots,T$ に渡って繰り返し呼び出される．このとき訓練集合上の分布(これは各例題の重みに相当する)を正誤に応じて逐次更新し維持していく．学習アルゴリズムはこの分布のもとで弱仮説を求めることになる．これが AdaBoost を特徴付ける1つの重要な考え方となる．

まず N 個の例題からなる訓練集合 $\{(x_1,y_1),\cdots,(x_N,y_N)\}$ が与えられているとする．ここで x_i は適当な領域 X に属し，y_i はラベルの集合 Y に属しているとする．2値の判別問題では $Y=\{-1,+1\}$ となる．t 回目の学習における例題 i の重みを $D_t(i)$ と書くことにする．初期値は全例題で一様な重み，すなわち $D_1(t)=1/N$ としておき，各回において間違えて判別された例題の重みを増加させることによって，前回に間違えたむずかしい例題を次の回で重点的に学習することになる．学習アルゴリズムの役割は分布 D_t に応じて弱仮説 $h_t: X \to Y$ を探し出すことである．2値の判別問題の場合は単純に分布 D_t のもとでの誤り率

$$\varepsilon_t = \Pr_{D_t}\{h_t(x_i) \neq y_i\} = \sum_{h_t\text{が間違えた }i} D_t(i)$$

をできるだけ小さくする仮説を選び出すと考えればよい．

いったん弱仮説 h_t が決められると AdaBoost はその仮説の信頼性を決める値 $\alpha_t \in R$ を選ぶ．最終的な仮説は各仮説を信頼度 α で重み付けた多数決によって与えられる．

2値判別問題の場合 AdaBoost の具体的な手続きは以下のようになる．

例題 $(x_1, y_1), \cdots, (x_N, y_N)$ が与えられているとする．ただし $x_i \in X, y_i \in Y = \{-1, +1\}$ とする．

ステップ1 $D_1(i) = 1/N$ によって初期化する．

ステップ2 $t = 1, \cdots, T$ に対して

- 分布 D_t に基づいて弱仮説を学習する．すなわち

$$\varepsilon_t = \mathrm{Pr}_{D_t}\{h_t(x_i) \neq y_i\} = \sum_{h_t が間違えた i} D_t(i) \tag{50}$$

の最小化を行い，$h_t : X \to Y$ を得る．

- 誤り率を用いて以下のように信頼度 $\alpha_t \in R$ を計算する．

$$\alpha_t = \frac{1}{2} \ln\left(\frac{1 - \varepsilon_t}{\varepsilon_t}\right) \tag{51}$$

- 以下の式で分布 D_t を更新する．

$$D_{t+1}(i) = \frac{D_t(i) \exp(-\alpha_t y_i h_t(x_i))}{Z_t} \tag{52}$$

ただし Z_t は $\sum_i D_{t+1}(i) = 1$ とするための規格化因子で

$$Z_t = \sum_{i=1}^{N} D_t(i) \exp(-\alpha_t y_i h_t(x_i))$$

である．

ステップ3 最終的な仮説はすべての仮説を信頼度で重み付けて多数決をとった

$$H(x) = \mathrm{sign}\left(\sum_{t=1}^{T} \alpha_t h_t(x)\right) \tag{53}$$

により得る．

いま考えているのは2値判別問題なので，誤り率が0.5より大きい，すなわち正しく答える割合より誤って反対の符号を出す割合のほうが大きければ，仮説の判定を逆転してやれば正しく答える割合が大きくなるので，一般に誤り率は0.5以下としてよい．したがって誤り率が小さい程信頼度 α が大きくなることに注意する．

前節と同じ例について AdaBoost を適用した結果を次に示す（図29〜図31）．例題の重み $D_t(i)$ は図の中に円の大きさとして示してある．

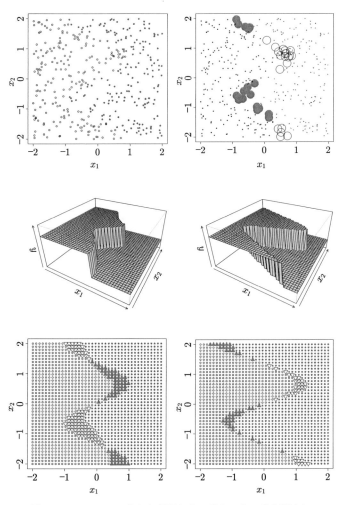

図 29 AdaBoost. 上から例題とその重み，その重み付けされた例題により学習された判別機，および適当な大きさの格子点上の値の判別結果を示している．次図も含め左から順に仮説は学習されている．上段の図では例題を中心とする円によってその重みを表している．前の仮説が間違えたところの重みが次第に大きくなるが，ある程度大きくなると集中的に学習されるため，再び重みが小さくなっている様子がわかる．下段の判別結果における塗り潰しと中抜きは判別機の出力を表し，三角は判別の誤りを表している．

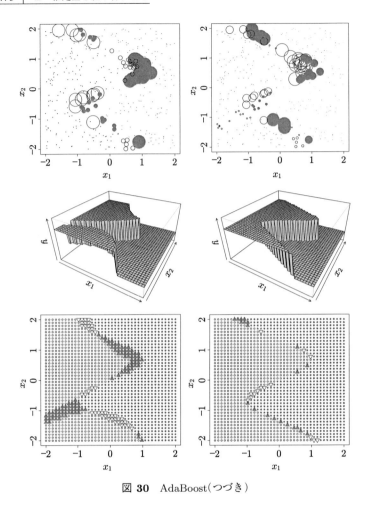

図 30　AdaBoost(つづき)

ここで興味深い事柄は t 回目の学習で得られた仮説の更新後の分布における誤り率は 0.5 となることである．実際

$$Z_t = \sum_{i=1}^{N} D_t(i)\exp(-\alpha_t y_i h_t(x_i))$$
$$= \sum_{i:\,正} D_t(i)\exp(-\alpha_t) + \sum_{i:\,誤} D_t(i)\exp(\alpha_t)$$

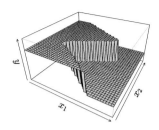

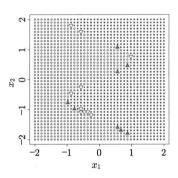

図 31 AdaBoost の最終結果. 10 個の仮説の重み付き多数決により得られた判別機とその判別結果を表している.

であるが,

$$\sum_{i:\text{誤}} D_t(i) = \varepsilon_t$$

$$\sum_{i:\text{正}} D_t(i) = 1 - \varepsilon_t$$

$$\alpha_t = \frac{1}{2} \ln\left(\frac{1-\varepsilon_t}{\varepsilon_t}\right)$$

に注意すると

$$\sum_{i:\text{誤}} D_t(i) \exp(\alpha_t) = \varepsilon_t \sqrt{\frac{1-\varepsilon_t}{\varepsilon_t}} = \sqrt{(1-\varepsilon_t)\varepsilon_t}$$

$$\sum_{i:\text{正}} D_t(i) \exp(-\alpha_t) = 1 - \varepsilon_t \sqrt{\frac{\varepsilon_t}{1-\varepsilon_t}} = \sqrt{(1-\varepsilon_t)\varepsilon_t}$$

となる. したがって

から，更新した分布のもとでの誤り率は

$$Z_t = 2\sqrt{(1-\varepsilon_t)\varepsilon_t}$$

$$\begin{aligned} e_t &= \Pr\nolimits_{D_{t+1}}\{h_t(x_i) \neq y_i\} \\ &= \sum_{i:\text{誤}} D_{t+1}(i) \\ &= \sum_{i:\text{誤}} \frac{D_t(i)\exp(\alpha_t)}{Z_t} \\ &= \frac{\sqrt{(1-\varepsilon_t)\varepsilon_t}}{2\sqrt{(1-\varepsilon_t)\varepsilon_t}} \\ &= 0.5 \end{aligned}$$

となる．すなわち更新された分布は，最後に得られた仮説が最も苦手とするものであり，次の回で探す仮説は直前の仮説では判別できないものをうまく扱うことができるようなものとなる．これは前節のフィルタによるブースティングの考え方に通じるものである．

AdaBoost に関しては，目的とする問題，たとえば判別問題でも多値であるとか，あるいは回帰問題であるとかに応じて，またアルゴリズムの構成についても非常に多くの研究がある．たとえば Friedman ら(1998)，Schapire と Singer(1999)，Domingo と Watanabe(2000)，Zemel と Pitassi(2001)などの文献を参照してほしい．

5.3　AdaBoost の損失関数

さてこの一見不思議なアルゴリズムはどのようにして導出されるのであろうか．実はある損失関数から出発すると自然にアルゴリズムが構成される．

信頼度で重み付けた仮説の和

$$F(x) = \sum_{t=1}^{T} \alpha_t h_t(x)$$

を判別関数とよび，判別関数の損失を

$$L(F) = \frac{1}{N}\sum_{i=1}^{N} \exp(-y_i F(x_i)) \tag{54}$$

で定義する．$F(x)$ に弱仮説 $h(x)$ を重み c で 1 つ加えて
$$F(x) + ch(x)$$
とし，上記の損失を小さくすることを考える．ただしここでは $c > 0$ としておく．このとき損失は

$$\begin{aligned}
L(&F + ch) \\
&= \frac{1}{N} \sum_i \exp(-y_i\,(F(x_i) + ch(x_i))) \\
&= \frac{1}{N} \sum_i \exp(-y_i F(x_i)) \exp(-y_i ch(x_i)) \\
&= \frac{1}{N} \sum_{i:h(x_i)=y_i} \exp(-y_i F(x_i)) \exp(-c) \\
&\quad + \frac{1}{N} \sum_{i:h(x_i)\neq y_i} \exp(-y_i F(x_i)) \exp(c) \\
&= \frac{\exp(-c)}{N} \sum_i \exp(-y_i F(x_i)) - \frac{\exp(-c)}{N} \sum_{i:h(x_i)\neq y_i} \exp(-y_i F(x_i)) \\
&\quad + \frac{\exp(c)}{N} \sum_{i:h(x_i)\neq y_i} \exp(-y_i F(x_i)) \\
&= \frac{\exp(-c)}{N} \sum_i \exp(-y_i F(x_i)) \\
&\quad + \frac{\exp(c) - \exp(-c)}{N} \sum_{i:h(x_i)\neq y_i} \exp(-y_i F(x_i))
\end{aligned}$$

と書き換えることができる．第 1 項は新しく加える h によらない項であるので，h を決めるためには第 2 項のみ考えればよい．ここで

$$\tilde{D}(i) = \frac{\exp(-y_i F(x_i))}{\tilde{Z}}$$

$$\tilde{Z} = \sum_i \exp(-y_i F(x_i))$$

とすれば，第 2 項は分布 $\tilde{D}$ における h の誤り率

$$\varepsilon = \Pr{}_{\tilde{D}}\{h(x_i) \neq y_i\} = \sum_{i:h(x_i)\neq y_i} \tilde{D}(i)$$

を用いて

$$\frac{(\exp(c)-\exp(-c))\tilde{Z}}{N}\Pr_{\tilde{D}}\{h(x_i)\neq y_i\} = \frac{(\exp(c)-\exp(-c))\tilde{Z}}{N}\varepsilon$$

と書けるので,損失を小さくするためには分布 $\tilde{D}$ において誤り率が最小となる h を探せばよいことがわかる.

次に h を固定した上で損失関数

$$L(F+ch) = \frac{\tilde{Z}}{N}\{\exp(-c) + (\exp(c)-\exp(-c))\varepsilon\}$$

を最小にする c を考えると,簡単な計算で

$$c = \frac{1}{2}\log\frac{1-\varepsilon}{\varepsilon}$$

のときであることがわかる.このとき $\varepsilon < 1/2$,すなわち h の正答率がわずかでも誤答率よりよければ

$$L(F+ch) = \frac{\tilde{Z}}{N}\{\exp(-c) + (\exp(c)-\exp(-c))\varepsilon\}$$
$$= L(F)2\sqrt{(1-\varepsilon)\varepsilon} < L(F)$$

となり,新しく 1 つ仮説を加えて

$$F(x) + \frac{1}{2}\log\frac{1-\varepsilon}{\varepsilon}h(x) \tag{55}$$

とすることによって損失関数をさらに小さくすることができることがわかる.したがって AdaBoost は式(54)で定義される損失関数を逐次的に最適化するアルゴリズムとみなすことができる.

この導出の考え方に従えば,AdaBoost で用いられた損失関数とは異なった

$$L(F) = \frac{1}{N}\sum_{i=1}^{N}\phi(y_i F(x_i)) \tag{56}$$

という形の損失を考えることによりアルゴリズムを一般化することができる.代表的なものとしては LogitBoost(Friedman *et al.*, 1998),MadaBoost(Domingo and Watanabe, 2000)などが挙げられる(図 32).

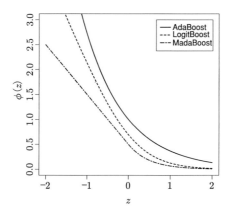

図 32 ブースティングの損失関数.下に凸で単調減少するさまざまな損失関数から,ブースティングアルゴリズムは一般化される.

5.4 訓練誤差の性質

与えられた訓練集合に対する学習機械の誤り率を訓練誤差(training error)というが,AdaBoost では仮説を 1 つ増すごとに,その訓練誤差が単調に減少する.

最終的に得られた仮説 $H(x)$ を

$$H(x) = \text{sign}(F(x)) = \text{sign}\left(\sum_t \alpha_t h_t(x)\right)$$

とする.分布 D_t の更新則

$$D_{t+1}(i) = \frac{D_t(i)\exp(-\alpha_t y_i h_t(x_i))}{Z_t}$$

より

$$\exp(-\alpha_t y_i h_t(x_i)) = \frac{D_{t+1}(i)}{D_t(i)} Z_t$$

が成り立つことに注意すると

$$\exp\left(-y_i\sum_t \alpha_t h_t(x_i)\right) = \prod_t \exp(-y_i\alpha_t h_t(x_i))$$
$$= \prod_t \frac{D_{t+1}(i)}{D_t(i)} Z_t$$
$$= \frac{D_{T+1}(i)}{D_1(i)} \prod_t Z_t$$
$$= N D_{T+1}(i) \prod_t Z_t$$

となる．また
$$H(x_i) = y_i \text{ のとき } y_i F(x_i) > 0$$
$$H(x_i) \neq y_i \text{ のとき } y_i F(x_i) < 0$$
であることに注意すれば
$$I(H(x_i) \neq y_i) \leq \exp(-y_i F(x_i))$$
となるので，H の訓練誤差は

$$\frac{1}{N}|\{i|H(x_i) \neq y_i\}| = \frac{1}{N}\sum_{i=1}^{N} I(H(x_i) \neq y_i)$$
$$\leq \frac{1}{N}\sum_i \exp(-y_i F(x_i))$$
$$= \frac{1}{N}\sum_i \exp\left(-y_i\sum_t \alpha_t h_t(x_i)\right)$$
$$= \frac{1}{N}\sum_i N D_{T+1}(i) \prod_t Z_t$$
$$= \prod_t Z_t \sum_i D_{T+1}(i) \quad (\sum_i D_{T+1}(i) = 1)$$
$$= \prod_t Z_t$$

で押さえられることがわかる．

右辺はさらに展開できて
$$\prod_t Z_t = \prod_t \left(2\sqrt{(1-\varepsilon_t)\varepsilon_t}\right)$$
$$= \prod_t \sqrt{1 - 4\gamma_t^2}$$
$$\leq \exp\left(-2\sum_{t=1}^{T} \gamma_t^2\right)$$

と書けることがわかる．ただし $\varepsilon_t = 1/2 - \gamma_t$ である．ε_t は各回での誤り率であり，γ_t は誤り率が $1/2$ よりどれだけ小さいかを表している．有限の t で $\gamma_t = 0$ となると $\alpha_t = 0$ となり，その時点で訓練誤差の改善は止まり学習は終了してしまうが，$\gamma_t \to 0$ であっても，0 に近づく速度が十分遅く

$$\lim_{T \to \infty} \sum_{t=1}^{T} \gamma_t^2 \to \infty$$

となるならば，上記の不等式の右辺は 0 に収束するので，訓練誤差はいくらでも小さくなる．

とくにすべての t に対して $\varepsilon_t \leq 1/2 - \gamma$ となるような共通の γ が存在する場合，つまり必ず誤り率が $1/2$ より小さくできる場合には

$$\frac{1}{N} |\{i | H(x_i) \neq y_i\}| \leq \exp(-2\gamma^2 T) \tag{57}$$

と書け，AdaBoost によって訓練誤差が指数的に減少し改善されることがわかる．したがって常に $1/2$ より小さい誤り率をもつ仮説を求めることができる弱い学習アルゴリズムは，AdaBoost の回数を増やすことによって誤り率をいくらでも小さくすることができるので，これにより実質強い学習アルゴリズムと等価であることがわかる．

5.5 汎化誤差の性質

学習後の学習機械に新しいデータを与え，これを判別させたときの誤り率を汎化誤差(generalization error)とよぶが，汎化誤差は AdaBoost の回数を増やしたときに一般に単調に減少するとは限らない．

汎化誤差を評価するためには多くの場合 VC 次元が用いられる(Vapnik, 1995)．VC 次元は直感的には学習機械がどのくらい多くの異なる仮説を表現できるかを表す量であり，VC 次元が d である 2 値の判別機械の場合，大雑把にいえば 2^d 個の異なる仮説を表すことができる．

弱仮説の空間の VC 次元が d であるとき，例題数を N，ブースティングの回数を T としたときに十分小さな δ に対して，確率 $1 - \delta$ で

$$\Pr_D\{H(x) \neq y\} \leq \Pr_S\{H(x) \neq y\} + O\left(\sqrt{\frac{Td}{N}}\right) \quad (58)$$

が成り立つ．ただし $\Pr_D$ は入力 x が従う真の分布のもとでの確率，$\Pr_S$ は例題に基づく経験分布のもとでの確率を表すものとする．左辺はブースティングにより得られた仮説 H の誤り率，すなわち汎化誤差であり，右辺の第 1 項は例題に対する誤り率，すなわち訓練誤差を表し，第 2 項は汎化誤差と訓練誤差の差の上界，すなわち汎化誤差がどのくらい訓練誤差より悪くなるかを表している．これが最も単純な汎化誤差の評価である．

上の不等式ではブースティングの回数 T を増すと汎化誤差と訓練誤差の差が大きくなる可能性があること，つまり過学習がおこることを示している．しかしながら初期の多くの実験報告ではブースティングはあまり過学習をおこさないことが報告されていた．また訓練誤差が 0 になった後でも汎化誤差が減少する場合もあることが報告されていた．こうした現象を説明するためにマージン (margin) という概念が導入された．1 つの例題 (x, y) に対して仮説 H のマージンはその判別関数を用いて

$$\mathrm{margin}_F(x, y) = \frac{y\sum_t \alpha_t h_t(x)}{\sum_t \alpha_t} = \frac{yF(x)}{\sum_t \alpha_t} \quad (59)$$

で定義される．マージンは $[-1, 1]$ の間に値をとり，仮説 H が正しく判別するときに限り正の値をとる．またすべての弱仮説が正しく判別したときに 1，間違って判別したときに -1 となることから，その大きさは判別の信頼度を測る量と解釈できる．

この量を用いて汎化誤差の上界は次のように精密化される．

定理 7 十分小さな δ に対して，確率 $1 - \delta$ で

$$\Pr_D\{\mathrm{margin}_F(x, y) \leq 0\} \leq \Pr_S\{\mathrm{margin}_F(x, y) \leq \theta\} + O\left(\frac{d}{N\theta^2}\right) \quad (60)$$

が成立する．

不等式の右辺第 1 項はマージンが θ より小さい例題の割合である．第 1 項は θ が大きくなれば大きくなり，第 2 項は小さくなるので，適当な θ で

右辺は最小になるが，その値が左辺の汎化誤差の上界となる．またこの右辺はブースティングの回数 T によらないことが重要である．

この不等式から単に訓練集合を正しく判別できるだけでなく，できるだけ大きなマージンをもつ，すなわち大きな θ に対して，それより小さいマージンが少なくなるように $\Pr_S\{\mathrm{margin}_F(x,y)<\theta\}$ の値が小さくなることが望ましいことがわかる．

また訓練誤差が 0 になった後でも汎化誤差が減少するという現象はブースティングを繰り返すことによってマージンが大きくなっていると解釈することができる．これは AdaBoost が最適化しようとしている損失関数

$$\sum_i \exp(-y_i F(x_i)) \tag{61}$$

は単なる判別の誤り率を小さくするものではなく，$yF(x)$ を大きくすることによってマージンを大きくしようとしていることからも直観的にわかる．

マージンの分布を考えることによって過学習を避ける試みはいろいろある．たとえば Rätsch ら(2001)を参照されたい．

最後にマージンと汎化誤差の関係を示した不等式の証明を与える．この考え方の基本となる証明の仕組みをみるために弱仮説の空間が有限な場合を考えることにする．このとき定理は以下のように書き直される．

定理 8 D を $X\times\{-1,+1\}$ 上の分布とし，S を D から独立に得られた N 個の例題とする．仮説の空間 $\mathcal{H}$ が有限集合であると仮定する．$\mathcal{H}$ の凸包(convex hull) $\mathcal{C}$ を

$$\mathcal{C}=\left\{f:x\mapsto\sum_{h\in\mathcal{H}}a_h h(x)\Big|a_h\geq 0;\sum_h a_h=1\right\} \tag{62}$$

によって定義する．任意の $\delta>0,\ \theta>0$ に対して，可能なすべての S の中で確率 $1-\delta$ 以上の割合ですべての $f\in\mathcal{C}$ について不等式

$$\Pr_D\{yf(x)\leq 0\}$$
$$\leq \Pr_S\{yf(x)\leq\theta\}+O\left(\frac{1}{\sqrt{N}}\left(\frac{\log N\log|\mathcal{H}|}{\theta^2}+\log(1/\delta)\right)^{1/2}\right) \tag{63}$$

が成り立つ．

まず証明に必要な 2 つの確率不等式を証明しておく．以下は Markov の不等式 (Markov's inequality) の一形態である．

定理 9 (Markov の不等式) X を正値 ($X > 0$) で，平均値が $E(X) = \mu$ である確率変数とする．このとき任意の $t > 0$ に対して X が t より大きくなる確率について以下の不等式が成り立つ．

$$\Pr\{X \geq t\} \leq \frac{\mu}{t} \tag{64}$$

［証明］

$$E(X) = E(X|X < t)\Pr\{X < t\} + E(X|X \geq t)\Pr\{X \geq t\}$$
$$\geq E(X|X \geq t)\Pr\{X \geq t\}$$
$$\geq t\Pr\{X \geq t\}$$

これを用いて以下の Hoeffding の不等式 (Hoeffding's inequality) を示す．

定理 10 (Hoeffding の不等式) $X_1, X_2, \cdots, X_n$ を $a_i \leq X_i \leq b_i$ を満たす有界で独立な確率変数とする．また $\bar{X} = (X_1 + X_2 + \cdots + X_n)/n$ と書き，$\mu = E(\bar{X})$ とする．このとき任意の $t > 0$ に対して

$$\Pr\{\bar{X} - \mu \geq t\} \leq e^{-2n^2 t^2 / \sum_i (b_i - a_i)^2} \tag{65}$$

が成り立つ．

［証明］ 不等式 (65) の右辺は X_i に定数項を加えても変化しないので，一般性を失うことなく $E(X_i) = 0$ としてよい．したがって以下では $\mu = 0$ の場合を考えることにする．

任意の $h > 0$ に対して

$$\Pr\{\bar{X} \geq t\} = \Pr\{e^{h(X_1 + X_2 + \cdots + X_n)} \geq e^{hnt}\}$$

であるので，指数関数が正の値をとることに注意して右辺に Markov の不等式を適用し，X_i の独立性を用いれば

$$\Pr\{e^{h(X_1 + X_2 + \cdots + X_n)} \geq e^{hnt}\} \leq E(e^{h(X_1 + X_2 + \cdots + X_n)}/e^{hnt})$$
$$= e^{-hnt} \prod_{i=1}^{n} E(e^{hX_i})$$

が得られる．また指数関数の凸性より $a \leq x \leq b$ において

$$e^{hx} \leq \left(\frac{e^{hb} - e^{ha}}{b-a}\right)(x-a) + (e^{ha})$$

と書けることに注意すれば

$$E(e^{hX_i}) \leq \left(\frac{b_i}{b_i - a_i}e^{ha_i} - \frac{a_i}{b_i - a_i}e^{hb_i}\right)$$

が成り立つ．ここで

$$L(s,t) = -st + \log(1 - t + e^s t)$$

と置くと，上の不等式の右辺は

$$e^{L(h(b_i - a_i), -a_i/(b_i - a_i))}$$

と書ける．L の s に関するテイラー展開が

$$L(s,t) = L(0,t) + s\frac{\partial}{\partial s}L(0,t) + \frac{s^2}{2}\frac{\partial^2}{\partial s^2}L(\theta,t), \quad 0 \leq \theta \leq s$$

となること，および

$$\frac{\partial}{\partial s}L(s,t) = -t + \frac{te^s}{1 - t + te^s}$$

$$\frac{\partial^2}{\partial s^2}L(s,t) = \frac{te^s}{1 - t + te^s}\left(1 - \frac{te^s}{1 - t + te^s}\right) \leq \frac{1}{4}$$

$$L(0,t) = 0, \quad \frac{\partial}{\partial s}L(0,t) = 0$$

に注意すれば

$$L(s,t) = \frac{s^2}{2}\frac{\partial^2}{\partial s^2}L(\theta,t)$$

$$\leq \frac{s^2}{2}\sup_{\theta \in [0,s]}\frac{\partial^2}{\partial s^2}L(\theta,t)$$

$$\leq \frac{s^2}{8} = \frac{\{h(b_i - a_i)\}^2}{8}$$

となる．以上より

$$\Pr\{\bar{X} \geq t\} \leq e^{-hnt + \frac{1}{8}h^2\sum_i(b_i - a_i)^2}$$

となるが，h は任意であったからここで $h = 4nt/\sum_i(b_i - a_i)^2$ と置けば定理の不等式を得る． ∎

係数についてはいろいろな精密化があるが，本稿ではそこまでは立ち入

らない．

これを用いて汎化誤差の不等式(63)を証明する．

［定理8の証明］　弱仮説を h_i と書き，h_i の集合を $\mathcal{H}$ と書くことにする．仮説の数は有限とし，$\mathcal{H}$ の要素数を $|\mathcal{H}|$ と書く．$\mathcal{H}$ の凸包 $\mathcal{C}$ を

$$\mathcal{C} = \left\{ f : x \mapsto \sum_{h \in \mathcal{H}} a_h h(x) \Big| a_h \geq 0; \sum_h a_h = 1 \right\}$$

によって定義する．また重複を許した M 個の仮説の平均の集合 $\mathcal{C}_M$ を

$$\mathcal{C}_M = \left\{ f : x \mapsto \frac{1}{M} \sum_{i=1}^M h_i(x) \Big| h_i \in \mathcal{H} \right\}$$

で定義する．仮説 h_i は $\{-1, +1\}$ に値をとるが，$f \in \mathcal{C}$ および $f \in \mathcal{C}_M$ はそれ以外の値をとるので，判別の規則は f の正負の値で考えることにし，例題 (x, y) に対して $yf(x) \leq 0$ となった場合，誤りであるとする．またマージンは $yf(x)$ で表される．

$f \in \mathcal{C}$ を1つ選ぶと，それに対応して係数 a_h が与えられるが，$\sum_h a_h = 1$，$a_h \geq 0$ より a_h を $\mathcal{H}$ 上の確率と考えることができる．この分布に従って $\mathcal{H}$ から仮説を M 個ランダムに選び $h_1, h_2, \cdots, h_M$ とし，その標本平均を $g(x) = (1/M) \sum_{i=1}^M h_i(x)$ と書くと，$g(x) \in \mathcal{C}_M$ となる．この $g(x)$ の選び方により $\mathcal{C}_M$ 上に確率分布が定義されるが，これを Q と書く．当然のことながら

$$f(x) = E_{g \sim Q}(g(x))$$

となっていることに注意する．$g \sim Q$ は Q に従って g を選んでいることを明示的に表している．

目的は $f \in \mathcal{C}$ の汎化誤差を評価することである．任意の $g \in \mathcal{C}_M$ と $\theta > 0$ に対して

$$\Pr_D\{yf(x) \leq 0\} \leq \Pr_D\{yg(x) \leq \theta/2\} + \Pr_D\{yg(x) > \theta/2,\, yf(x) \leq 0\} \tag{66}$$

が成り立つ．これは任意の2つの事象 A, B に対して

$$\Pr\{A\} = \Pr\{B \cap A\} + \Pr\{\bar{B} \cap A\} \leq \Pr\{B\} + \Pr\{\bar{B} \cap A\}$$

が成り立つことを使っている．式(66)が任意の $g \in \mathcal{C}_M$ について成り立っていることに注意して，この式を分布 Q について平均をとると

$\Pr_D\{yf(x) \leq 0\}$
$$\leq \Pr_{D,g\sim Q}\{yg(x) \leq \theta/2\} + \Pr_{D,g\sim Q}\{yg(x) > \theta/2, yf(x) \leq 0\}$$
$$= E_{g\sim Q}(\Pr_D\{yg(x) \leq \theta/2\}) + E_D(\Pr_{g\sim Q}\{yg(x) > \theta/2, yf(x) \leq 0\})$$
$$\leq E_{g\sim Q}(\Pr_D\{yg(x) \leq \theta/2\}) + E_D(\Pr_{g\sim Q}\{yg(x) > \theta/2|yf(x) \leq 0\})$$
(67)

となる.以下では式(67)の各項を評価していく.

まず第2項から考える.例題 (x,y) を固定すると $f(x) = E_{g\sim Q}(g(x))$ であるから,

$$\Pr_{g\sim Q}\{yg(x) > \theta/2|yf(x) \leq 0\}$$
$$\leq \Pr_{g\sim Q}\{yg(x) - yf(x) > \theta/2|yf(x) \leq 0\}$$
$$= \Pr_{g\sim Q}\{yg(x) - yE_{g\sim Q}(g(x)) > \theta/2|yf(x) \leq 0\}$$

と書けることに注意する.不等式の右辺の確率は $\{-1,+1\}$ の上の確率変数の M 個の標本平均が,その平均値 $yf(x)$ より $\theta/2$ 以上大きくなる確率と等価なので,Hoeffding の不等式より

$$\Pr_{g\sim Q}\{yg(x) > \theta/2|yf(x) \leq 0\} \leq e^{-2M^2(\theta/2)^2/(2^2M)} = e^{-M\theta^2/8}$$

と評価される.この右辺は (x,y) によらないので結局第2項は

$$E_D(\Pr_{g\sim Q}\{yg(x) > \theta/2|yf(x) \leq 0\}) \leq e^{-M\theta^2/8}$$

となる.

第1項については,まず経験分布による確率 $\Pr_S\{yg(x) \leq \theta/2\}$ で押えることを考える.g および θ を固定すると

$$1 - \Pr_S\{yg(x) \leq \theta/2\} = E_S(I(yg(x) > \theta/2))$$
$$= \frac{1}{m}\sum_{i=1}^m I(y_i g(x_i) > \theta/2)$$

および

$$1 - \Pr_D\{yg(x) \leq \theta/2\} = E_D(I(yg(x) > \theta/2))$$

であることに注意すれば,経験分布 S の取り方に関する確率は Hoeffding の不等式より

$$\Pr\{-\Pr_S\{yg(x) \le \theta/2\} + \Pr_D\{yg(x) \le \theta/2\} > \varepsilon_M\}$$
$$\le e^{-2m^2\varepsilon_M^2/m} = e^{-2m\varepsilon_M^2}$$

が成り立つ．g の選び方は $|\mathcal{C}_M| \le |\mathcal{H}|^M$ 通り，θ の選び方は $2i/M;\ i=0,\cdots,$ M の $(M+1)$ 通りあり，これらの選び方すべてに関して不等式を評価する必要があるが，関係式

$$\Pr\{A \cup B\} \le \Pr\{A\} + \Pr\{B\}$$

を用いると，任意の g, θ について

$$\Pr\{-\Pr_S\{yg(x) \le \theta/2\} + \Pr_D\{yg(x) \le \theta/2\} > \varepsilon_M\}$$
$$\le (M+1)|\mathcal{H}|^M e^{-2m\varepsilon_M^2}$$

でその上限を評価できる．したがって $\varepsilon_M = \sqrt{(1/2N)\ln((M+1)|\mathcal{H}|^M/\delta_M)}$ と置けば，Q によらず任意の θ で $1-\delta_M$ 以上の確率で

$$\Pr_{D,g\sim Q}\{yg(x) \le \theta/2\} \le \Pr_{S,g\sim Q}\{yg(x) \le \theta/2\} + \varepsilon_M$$

が成り立つ．この右辺の項についてもう一度式 (67) と同様な評価を行う．

$$\Pr_{S,g\sim Q}\{yf(x) \le \theta/2\}$$
$$\le \Pr_{S,g\sim Q}\{yf(x) \le \theta\} + \Pr_{S,g\sim Q}\{yg(x) \le \theta/2, yf(x) > \theta\}$$
$$= \Pr_S\{yf(x) \le \theta\} + E_S(\Pr_{g\sim Q}\{yg(x) \le \theta/2, yf(x) > \theta\})$$
$$\le \Pr_S\{yf(x) \le \theta\} + E_S(\Pr_{g\sim Q}\{yg(x) \le \theta/2 | yf(x) > \theta\})$$

第 2 項の期待値の中は Hoeffding の不等式によって同様に

$$\Pr_{g\sim Q}\{yg(x) \le \theta/2 | yf(x) > \theta\} \le e^{-M\theta^2/8}$$

と評価される．

ここで $\delta_M = \delta/(M(M+1))$ とおくと $\sum_{M \ge 1} \delta_M = \delta$ とできるので，M によらない δ で不等式の成り立つ確率を押さえることができる．これを用いると $1-\delta$ 以上の確率で，任意の $\theta > 0$ と任意の $M \ge 1$ について

$$\Pr_D\{yf(x) \le 0\}$$
$$\le \Pr_S\{yf(x) \le \theta\} + 2e^{-M\theta^2/8} + \sqrt{\frac{1}{2N}\ln\left(\frac{M(M+1)^2|\mathcal{H}|^M}{\delta}\right)}$$

が成り立つ．ここで $M = \lceil (4/\theta^2) \ln(N/\ln|\mathcal{H}|) \rceil$ と置くことによって題意が証明される． ∎

なお仮説空間が無限でも VC 次元が有限の場合は基本的な考え方は同じであるが，証明は繁雑となる．詳しくは Schapire ら(1998)を参照されたい．

5.6 ブースティングの幾何学的構造

ブースティングをある種の最適化問題における双対問題として捉え，その性質を論じるという試みは数多くある(たとえば Breiman(1996)，Rätsch ら(2000)など)．ここではより直感的な意味を考えるために Lebanon と Lafferty(2001)の考え方に基づいて，その幾何学的構造を考えてみる．

簡単のため入出力として有限集合 $\mathcal{X}, \mathcal{Y}$ を考える．$\mathcal{X} \times \mathcal{Y}$ 上の非負値測度の集合を
$$\mathcal{M} = \{m : \mathcal{X} \times \mathcal{Y} \to R_+\}$$
で表すものとする．ただし $m \in \mathcal{M}$ は条件付き確率密度を表すと考え，以後とくに断らない限り
$$m = m(y|x)$$
のことであるとする．

観測値 $(x_i, y_i); i = 1, \cdots, N$ が与えられたとき，これから作られる経験分布の密度関数を $\tilde{p}(x, y)$，入力 x の周辺分布の密度関数を $\tilde{p}(x)$，y の条件付き分布の密度関数を $\tilde{p}(y|x)$ で表す．δ を Kronecker のデルタとすれば
$$\tilde{p}(x, y) = \frac{1}{N} \sum_{i=1}^{N} \delta(x_i, x) \delta(y_i, y)$$
と表される．

次に非負値条件付き測度に拡張したカルバック情報量(extended Kullback-Leibler divergence)
$$D(p, q) = \sum_{x \in \mathcal{X}} \tilde{p}(x) \sum_{y \in \mathcal{Y}} \left(p(y|x) \log \frac{p(y|x)}{q(y|x)} - p(y|x) + q(y|x) \right)$$
を考える．ただし $p, q \in \mathcal{M}$ である．また x に関する期待値は以降は経験周辺分布のもとで考えることとする．p, q が条件付き確率密度であるとき，

すなわち y に関する和が正規化されており

$$\sum_y p(y|x) = 1, \quad \sum_y q(y|x) = 1 \qquad (68)$$

のときは，第 2 項，第 3 項が打ち消し合い，普通の意味のカルバック情報量に帰着される．

天下りではあるがまず第 1 段階として，x と y の関係を記述するための特徴 (feature) $f = (f_j(x,y); j=1,\cdots,T)$ と初期分布 $q_0(y|x) \in \mathcal{M}$ が与えられている状況を考える．このとき $\mathcal{M}$ の部分集合として

$$\mathcal{F}(\tilde{p}, f) = \left\{ p \in \mathcal{M} \,\middle|\, \sum_x \tilde{p}(x) \sum_y p(y|x)(f_j(x,y) - E_{\tilde{p}}[f_j|x]) = 0;\, j = 1,\cdots,T \right\} \qquad (69)$$

という集合を考える．ただし $E_{\tilde{p}}[\,\cdot\,|x]$ は x で条件付けた経験分布における平均を表し，

$$E_{\tilde{p}}[f_j|x] = \sum_y \tilde{p}(y|x) f_j(x,y)$$

である．定義から明らかなように $\tilde{p}(y|x) \in \mathcal{F}$ であるので，$\mathcal{F}$ は空集合ではないことに注意する．

以上の準備のもとに次の最適化問題を考える．

$$q_* = \operatorname*{argmin}_{p \in \mathcal{F}(\tilde{p}, f)} D(p, q_0) \qquad (70)$$

この条件付き最適化問題はラグランジュ関数

$$L(p, \lambda) = \sum_x \tilde{p}(x) \sum_y p(y|x) \left(\log \frac{p(y|x)}{q_0(y|x)} - 1 - \sum_{j=1}^T \lambda_j (f_j(x,y) - E_{\tilde{p}}[f_j|x]) \right)$$

の鞍点を求めることによって解くことができる．L の p に関する変分を求めると

$$\begin{aligned}
&L(p + \partial p, \lambda) - L(p, \lambda) \\
&= \sum_x \tilde{p}(x) \sum_y \partial p(y|x) \left(\log \frac{p(y|x)}{q_0(y|x)} - \sum_j \lambda_j (f_j(x,y) - E_{\tilde{p}}[f_j|x]) \right) \\
&\quad + o(\|\partial p(y|x)\|)
\end{aligned}$$

であるから，最適値において p は

$$\log \frac{p(y|x)}{q_0(y|x)} - \sum_j \lambda_j (f_j(x,y) - E_{\tilde{p}}[f_j|x]) = 0$$

を満たす．したがって $\lambda = (\lambda_j; j=1,\cdots,T)$ を固定して

$$q_\lambda(y|x) = \underset{p \in \mathcal{M}}{\operatorname{argmin}} L(p, \lambda)$$

を考えると

$$q_\lambda(y|x) = q_0(y|x) \exp\left(\sum_j \lambda_j (f_j(x,y) - E_{\tilde{p}}[f_j|x])\right) \quad (71)$$

となる．これより

$$L(q_\lambda, \lambda) = -\sum_x \tilde{p}(x) \sum_y q_0(y|x) \exp\left(\sum_j \lambda_j (f_j(x,y) - E_{\tilde{p}}[f_j|x])\right)$$

であるから，最適解を与えるラグランジュ定数は

$$\lambda^* = \underset{\lambda}{\operatorname{argmax}} L(q_\lambda, \lambda) \quad (72)$$

で与えられる．ところで

$$D(\tilde{p}, q_\lambda) = \sum_x \tilde{p}(x) \sum_y \left(\tilde{p}(y|x) \log \frac{\tilde{p}(y|x)}{q_\lambda(y|x)} - \tilde{p}(y|x) + q_\lambda(y|x)\right)$$

$$= \sum_x \tilde{p}(x) \sum_y \tilde{p}(y|x) \log \frac{\tilde{p}(y|x)}{q_0(y|x)} - L(q_\lambda, \lambda)$$

であるが，右辺の第 1 項は λ によらないので $L(q_\lambda, \lambda)$ の最大化と $D(\tilde{p}, q_\lambda)$ の最小化は等価

$$\underset{\lambda}{\operatorname{argmin}} D(\tilde{p}, q_\lambda) = \underset{\lambda}{\operatorname{argmax}} L(q_\lambda, \lambda) \quad (73)$$

である．したがって q_λ の集合を $\mathcal{Q} = \{q_\lambda(y|x)\}$ と書くことにすれば

$$q_* = \underset{p \in \mathcal{Q}}{\operatorname{argmin}} D(\tilde{p}, p) \quad (74)$$

となる．したがって式(70)と(74)で表される最適化問題は等価であることがわかる．

以上一般的な場合を述べてきたが，とくに注目すべきは 2 値判別問題，

すなわち $y \in \{-1, +1\}$ の 2 値となる場合である．この場合，初期分布 q_0 として
$$q_0(y|x) = 1$$
を与え，特徴として
$$f_j(x, y) = \frac{1}{2} y h_j(x) \tag{75}$$
という関数形を考える．式(72)は符号を入れ換えて

$$\begin{aligned}
\lambda^* &= \operatorname*{argmin}_{\lambda} \left(-L(p_\lambda, \lambda) \right) \\
&= \operatorname*{argmin}_{\lambda} \sum_x \tilde{p}(x) \sum_y \exp\left(\sum_j \frac{1}{2} \lambda_j (y h_j(x) - E_{\tilde{p}}[y h_j | x]) \right) \\
&= \operatorname*{argmin}_{\lambda} \sum_i \sum_y \exp\left(\sum_j \frac{1}{2} \lambda_j (y h_j(x_i) - y_i h_j(x_i)) \right) \\
&= \operatorname*{argmin}_{\lambda} \sum_i \sum_{y \neq y_i} \exp\left(\sum_j \frac{1}{2} \lambda_j (y - y_i) h_j(x_i) \right) \\
&= \operatorname*{argmin}_{\lambda} \sum_i \exp\left(-y_i \sum_j \lambda_j h_j(x_i) \right)
\end{aligned}$$

と書き直せ，AdaBoost の損失関数と一致することがわかる．したがって重ね合わせた仮説は，非負値測度の空間の中で制約条件を課せられたモデル $\mathcal{F}$ を考え，拡張されたカルバック情報量の意味である初期分布 q_0 から最近接のものを選んでいること：

$$q_* = \operatorname*{argmin}_{p \in \mathcal{F}(\tilde{p}, f)} D(p, q_0) \tag{76}$$

あるいは，特徴 f で張られる非負値測度 $\mathcal{Q}$ の中で拡張されたカルバック情報量の意味で経験分布 $\tilde{p}$ から最近接のものを選んでいること：

$$q_* = \operatorname*{argmin}_{p \in \mathcal{Q}} D(\tilde{p}, p) \tag{77}$$

と同値である (図 33 参照)．幾何学的にはこれらの最適化は一種の射影として捉えることができるが，カルバック情報量は対称でない，つまり
$$D(p, q) \neq D(q, p)$$

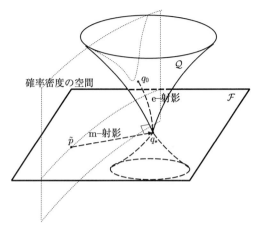

図 33 2つの最適化問題の解の同値性. 幾何学的には m-平坦な部分集合と e-平坦な部分集合の交点として最適解は表される.

であるので, 式(76)による q_0 から $\mathcal{F}$ への射影は e-射影(e-projection), 式(77)による $\tilde{p}$ から $\mathcal{Q}$ への射影は m-射影(m-projection)と区別され, 幾何学的には異なった性質をもつ. また $\mathcal{F}$ は混合平坦(mixture flat)あるいは簡単に m-平坦(m-flat), $\mathcal{Q}$ は指数平坦(exponential flat)あるいは e-平坦(e-flat) とよばれる集合であり, m-平坦な集合は集合内の任意の2点を線形結合した点が再びもとの集合に含まれ, e-平坦では指数表現をしたとき任意の2点の指数部を線形結合した点がもとの集合に含まれるという性質をもつ. e-平坦な集合である $\mathcal{Q}$ の2点 $q_{\lambda^1}, q_{\lambda^2}$ を指数表示の意味で線形結合した部分集合

$$\left\{ q_0(y|x) \exp\left(\sum_j (\alpha\lambda_j^1 + (1-\alpha)\lambda_j^2)(f_j(x,y) - E_{\tilde{p}}[f_j|x])\right) ; \alpha \in R \right\}$$

は e-測地線(e-geodesic)とよばれるが, 通常の射影と同様に q_0 と $\mathcal{F}$ への e-射影の足である q_* とを結んだ e-測地線は q_* において $\mathcal{F}$ と直交する. このとき $\mathcal{F}$ が m-平坦であることが大事で e-射影による点がカルバック情報量の最小値として一意に決まることを保証している(より詳しくは甘利と長岡(1993), Amari(1985), Barndorff-Nielsen(1988), Murrey と

Rice(1993)を参照してほしい).同様に **m**-測地線(m-geodesic)も定義され,$\tilde{p}$ と $\mathcal{Q}$ への m-射影の足である q_* とを結んだ m-測地線が q_* において $\mathcal{Q}$ と直交する.

さて以上の議論はすべての特徴 f が与えられ,それらを重ね合わせる係数 λ を並列に求める場合を想定しているが,この考え方で AdaBoost における逐次的な更新を考え直してみることにする.逐次的な更新では特徴の集合 $\{f_1, f_2, f_3, \cdots\}$ がしだいに増えていくので,もう1つ添字を付けて

$$\mathcal{Q}_t = \left\{ q_{\lambda,t}(y|x) = q_0(y|x) \exp\left(\sum_{j=1}^{t} \lambda_j (f_j(x,y) - E_{\tilde{p}}[f_j|x]) \right) \right\}$$

$$\mathcal{F}_t = \left\{ p \in \mathcal{M} \,\Big|\, \sum_x \tilde{p}(x) \sum_y p(y|x)(f_t(x,y) - E_{\tilde{p}}[f_t|x]) = 0 \right\}$$

という記号を用意する.先に定義した $\mathcal{F}(\tilde{p}, f)$ は

$$\mathcal{F}(\tilde{p}, f) = \mathcal{F}_1 \cap \mathcal{F}_2 \cap \cdots \cap \mathcal{F}_T$$

である.また $q_{t-1} \in \mathcal{Q}_{t-1}$ を1つ選び固定し,$\mathcal{Q}_t$ の中で f_t の係数だけ動かした部分集合を

$$\mathcal{Q}_t | q_{t-1} = \left\{ q_t(y|x) = q_{t-1}(y|x) \exp(\lambda_t (f_t(x,y) - E_{\tilde{p}}[f_t|x])) \right\}$$

と書くことにする.

以上の準備のもとに AdaBoost の逐次的な更新は次のように書ける.

ステップ1 適当な $q_0(y|x)$ を選ぶ.通常は $q_0(y|x) = 1$ とする.

ステップ2 $t = 1, \cdots, T$ に対して
- 学習アルゴリズムによって f_t を選ぶ.
- q_{t-1} と f_t で $\mathcal{F}_t$ と $\mathcal{Q}_t|q_{t-1}$ を構成する.
- $\mathcal{F}_t$ と $\mathcal{Q}_t|q_{t-1}$ の交点を q_t とする.

端的にいえば図34に示すように,前の解を起点として新しく選ばれた仮説で決まる空間に射影を落しながら空間を探索することになる.

なお,このとき学習アルゴリズムは

$$\sum \tilde{p}(x) \sum q_{t-1}(y|x)(f_t(x,y) - E[f_t|x]) \neq 0 \qquad (78)$$

となるように新しい特徴 f_t を選ばなくてはならない.等号が成り立つならば

$$q_{t-1}(y|x) \in \mathcal{F}_t \text{ かつ } q_{t-1}(y|x) \in \mathcal{Q}_t|q_{t-1}$$

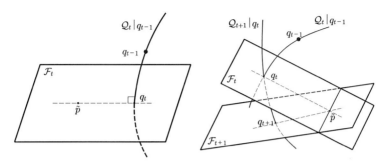

図 34 逐次的に最適化を行う AdaBoost の幾何学的イメージ

となり，t においても q_{t-1} が解となってアルゴリズムが止まってしまうことになる．

また $q_t \in \mathcal{F}_t$ であることに注意すれば

$$D(\tilde{p}, q_{t-1}) - D(\tilde{p}, q_t) - D(q_t, q_{t-1})$$
$$= \sum_x \tilde{p}(x) \sum_y (\tilde{p}(y|x) - q_t(y|x))(\log q_t(y|x) - \log q_{t-1}(y|x))$$
$$= \sum_x \tilde{p}(x) \sum_y \lambda_t (\tilde{p}(y|x) - q_t(y|x))(f_t(x,y) - E_{\tilde{p}}[f_t|x])$$
$$= \sum_x \tilde{p}(x) \sum_y \lambda_t q_t(y|x)(E_{\tilde{p}}[f_t|x] - f_t(x,y))$$
$$= 0$$

より

$$D(\tilde{p}, q_t) = D(\tilde{p}, q_{t+1}) + D(q_{t+1}, q_t) \qquad (79)$$

が成り立っている（図 35 参照）ので，新しい特徴 f_t がそれより前のものと独立で $D(q_{t+1}, q_t) \neq 0$ なら必ず

$$D(\tilde{p}, q_t) > D(\tilde{p}, q_{t+1}) \qquad (80)$$

がいえる．したがってブースティングはアルゴリズムが止まらない限り経験分布に近づいていくことがわかる．

大域的なモデルの拡大のところで述べたように特徴 $f_1, \cdots, f_t$ が十分多様であれば，その線形結合である $\sum \lambda_j f_j$ は任意の関数を精度良く近似することができる．したがって Q_t は十分多くの分布を記述することができ，経験分布にいくらでも近い点を表現できる．そのようなとき AdaBoost が

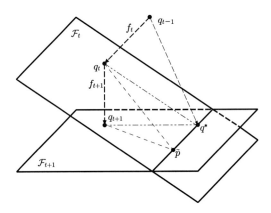

図 35 カルバック情報量におけるピタゴラスの定理. q_t は q_{t-1} から $\mathcal{F}_t$ への射影の足であるので q_{t-1} と q_t を結んだ $\mathcal{Q}_t|q_{t-1}$ は $\mathcal{F}_t$ と直交している.

過学習をおこすことが予想される. 一方, 更新が逐次的であるために, q_t は $\mathcal{Q}_t$ 内で完全に最適化されたものではない. たとえば $\{f_1, f_2\}$ の 2 つの仮説しかない状況を考えるとこの状況は直観的に理解できる. $\mathcal{F}_1$ と $\mathcal{F}_2$ が図 36 のように直交していれば逐次的な最適化で仮説の係数は最適なものが得られるが, 通常は直交しておらず図 35 のような状況であり, この場合

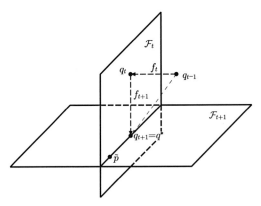

図 36 逐次的に急激な最適化が行われる場合. $\mathcal{F}_t$ と $\mathcal{F}_{t+1}$ が直交していると, 2 回の射影で, その交点集合内の解に収束する.

f_1, f_2 と順にやっただけでは $\mathcal{F}_1$ と $\mathcal{F}_2$ の交点集合内に解は到達しないので，その分過学習はおこし難いことが予想される．

$\mathcal{F}_1$ と $\mathcal{F}_2$ が直交する場合は，概念的にはその法線方向にある f_1 と f_2 が直交する場合であるから，仮説の集合内に直交基底が入れられる場合と考えられる．一般の学習アルゴリズムではそうした直交基底を考えずに，十分大きな仮説の集合から適宜選び出すことになるため，これは過完備基底系の場合の線形結合の話と理論的に関連している．

謝 辞

本稿を書き上げるにあたり，統計数理研究所江口真透氏，東京工業大学金森敬文氏，総合研究大学院大学竹之内高志氏との議論が非常に参考となりました．ここに深く謝意を表します．

関連図書

Aitchison, J. (1975): Goodness of prediction fit. *Biometrika*, **62**, 547-554.
Akaike, H. (1978): A new look at the Bayes procedure. *Biometrika*, **65**, 53-59.
Amari, S. (1985): Differential-Geometrical Methods in Statistics, volume 28 of Lecture Notes in Statistics. Springer Verlag.
甘利俊一, 長岡浩司(1993): 情報幾何の方法. 岩波講座 応用数学. 岩波書店.
Barndorff-Nielsen, O. (1988): Parametric Statistical Models and Likelihood, volume 50 of Lecture Notes in Statistics. Springer Verlag.
Barron, A. R. (1993): Universal approximation bounds for superpositions of a sigmoidal function. *IEEE Trans. Information Theory*, **39**(3), 930-945.
Baum, E. B. and Haussler, D. (1989): What size net gives valid generalization? *Neural Computation*, **1**, 151-160.
Breiman, L. (1994): Bagging predictors. Technical Report 421, Statistics Department, University of California, Berkeley.
Breiman, L. (1996): Arcing classifiers. *Machine Learning*, **26**(2), 123-140.
Breiman, L., Friedman, J. H., Olshen, R. A. and J. Stone, C. (1984): Classification and Regression Trees. Wadsworth and Brooks/Cole.
Cybenko, G. (1989): Approximation by superpositions of a sigmoid function. *Mathematics of Control, Signals and Systems*, **2**, 303-314.
Daubechies, I (1992): Ten Lectures on Wavelets. CBMS-NSF Regional Confefence Series in Applied Mathematics. Society for Industrial and Applied Mathematics: Philadelphia, Pennsylvania.
Delyon, B., Juditsky, A. and Benveniste, A. (1995): Accuracy analysis for wavelet approximations. *IEEE Trans. Neural Networks*, **6**(2), 332-348.
Domingo, C. and Watanabe, O. (2000): Madaboost: A modification of AdaBoost. In *Proc. of the 13th Conference on Computational Learning Theory, COLT'00*.
Drucker, H. (1997): Improving regressors using boosting techniques. In Jr. D. H. Fisher (ed.): Proceedings of the Fourteenth International Conference on Machine Learning, Morgan Kaufmann, pp. 107-115.
Drucker, H. and Cortes, C. (1996): Boosting decision trees. In D. S. Touretzky, M. C. Mozer and M. E. Hasselmo (eds.): Advances in Neural Information Processing Systems 8, volume 8, MIT Press, pp. 479-485.
Efron, B. and Tibshirani, R. (1993): An Introduction to the Bootstrap. Chapman and Hall: London.
Fahlman, S. E. and Lebiere, C. (1990): The cascade-correlation learning ar-

chitecture. Technical Report CMU-CS-90-100, School of Computer Science, Carnegie Mellon University: Pittsburgh, PA.

Freund, Y. (1995): Boosting a weak learning algorithm by majority. *Information and Computation*, **121**(2), 256–285.

Freund, Y. and Schapire, R. E. (1997): A decision-theoretic generalization of on-line learning and an application to boosting. *Journal of Computer and System Sciences*, **55**(1), 119–139.

Friedman, J. H. Hastie, T. and Tibshirani, R. (1998): Additive logistic regression: A statistical view of boosting. Technical Report, Department of Statistics, Stanford University.

Funahashi, K. (1989): On the approximate realization of continuous mappings by neural networks. *Neural Networks*, **2**, 183–192.

Girosi, F. (1993): Regularization theory, radial basis functions and networks. In V. Cherkassky, J. H. Friedman and H. Wechsler (eds.): From Statistics to Neural Networks, Subseries F, Computer and Systems Sciences. Springer Verlag.

Girosi, F. Jones, M. and Poggio, T. (1995): Regularization theory and neural networks architectures. *Neural Computation*, **7**, 219–269.

Hassoun, M. H. (1995): Foundamentals of Artificial Neural Networks. MIT Press.

Haykin, S. (1994): Neural Networks: A Comprehensive Foundation. Macmillan.

Hornik, K., Stinchcombe, M. and White, H. (1989): Multi-layer feedforward networks are universal approximators. *Neural Networks*, **2**, 359–366.

Irie, B. and Miyake, S. (1988): Capabilities of three-layered Perceptrons. In International Conference on Neural Nerworks, IEEE, pp. 641–648.

Jacobs, R. A. Jordan, M. I. Nowlan, S. J. and Hinton, G. E. (1991): Adaptive mixtures of local experts. *Neural Computation*, **3**, 79–87.

Jones, L. K. (1992): A simple lemma on greedy approximation in Hilbert space and convergence rates for projection pursuit regression and neural network training. *Annals of Statistics*, **20**(1), 608–613.

Jordan, M. I. and Jacobs, R. A. (1994): Hierarchical mixtures of experts and the EM algorithm. *Neural Computation*, **6**, 181–214.

Jordan, M. I. and Xu, L. (1995): Convergence results for the EM approach to mixtures of experts architectures. *Neural Networks*, **8**(9), 1409–1431.

Komaki, F. (1996): On asymptotic properties of predictive distributions. *Biometrika*, **83**(2), 299–313.

Krogh, A. and Sollich, P. (1997): Statistical mechanics of ensemble learning. *Physical Review E*, **55**, 811–825.

Lebanon, G. and Lafferty, J. (2001): Boosting and maximum likelihood for exponential models. Technical Report CMU-CS-01-144, School of Computer Science, Carnegie Mellon University: Pittsburgh, PA.

Murata, N. (1996): An integral representation with ridge functions and approximation bounds of three-layered network. *Neural Networks*, **9**(6), 947-956.

Murrey, M. K. and Rice, J. W. (1993): Differential Geometry and Statistics. Chapman.

Poggio, T. and Girosi, F. (1990): Networks for approximation and learning. *Proceedings of the IEEE*, **78**(9), 1481-1497.

Quinlan, J. R. (1993): C4.5: Programs for Machine Learning. Morgan Kaufmann: San Mateo.

Quinlan, J. R. (1996): Bagging, boosting and C4.5. In Proceedings of the Thirteenth National Conference on Artificial Intelligence and the Eighth Innovative Applications of Artificial Intelligence Conference, AAAI Press/MIT Press, pp. 725-730.

Rätsch, G. Demiriz, A. and Bennett, K. (2000): Sparse regression ensembles in infinite and finite hypothesis spaces. *NeuroCOLT2 Technical Report Series*, NC-TR-2000-085, ESPRIT.

Rätsch, G., Onoda, T. and Müller, K.-R. (2001): Soft margins for adaboost. *Machine Learning*, **42**(3), 287-320.

Ripley, B. D. (1996): Pattern Recognition and Neural Networks. Cambridge University Press: Cambridge.

Rumelhart, D., McClelland, J. L. and the PDP Research Group (1986): Parallel Distributed Processing: Explorations in the Microstructure of Cognition. MIT Press.

Schapire, R. E. (1990): The strength of weak learnability. *Machine Learning*, **5**, 197-227.

Schapire, R. E., Freund, Y., Bartlett, P. and Lee, W. S. (1998): Boosting the margin: A new explanation for the effectiveness of voting methods. *The Annals of Statistics*, **26**(5), 1651-1686.

Schapire, R. E. and Singer, Y. (1999): Improved boosting algorithms using confidence-rated predictions. *Machine Learning*, **37**(3), 297-336.

Tibshirani, R. and Knight, K. (1995): Model search and inference by bootstrap "bumping". Technical Report, University of Toronto.

Vapnik, V. (1995): The Nature of Statistical Learning Theory. Springer Verlag.

White, H. (1989): Learning in artificial neural networks: A statistical perspective. *Neural Computation*, **1**(4), 425-464.

Zemel, R. S. and Pitassi, T. (2001): A gradient-based boosting algorithm for regression problems. In Advances in Neural Information Processing Systems, volume 13, MIT Press.

索　引

λ エビデンス　48
λ メッセージ　48
π エビデンス　48
π メッセージ　48
AdaBoost　184, 193
AIC　55, 65, 84
Annealed VC エントロピー　78
Baum-Welch アルゴリズム　69
BIC　55
C4.5　22, 154
CART　152
EM アルゴリズム　62, 63
e-射影　215
e-測地線　215
e-平坦　215
Gini 係数　23
Hoeffding の不等式　206
k-最近傍識別法　14
k 重マルコフモデル　67
K-平均法　60, 63
leave-one-out cross validation　32
MAP 識別　37
Markov の不等式　206
MDL　55, 65, 84
Mercer カーネル　101
MoE　151
m-射影　215
m-測地線　216
m-平坦　215
n-fold cross validation　32
PAC 学習　76
Q 学習　89
Q 関数　88
VC エントロピー　78

VC 次元　79, 203
VC 理論　115

ア　行

誤り確率　31
誤り訂正学習法　26
誤り率　31, 193
一般化加法モデル　153
一般化線形識別関数　19
ウェーブレット変換　158
後ろ向きアルゴリズム　68
エビデンス　56
重み付き多数決　149
音韻モデル　72
音素モデル　72
オンライン学習　27

カ　行

カーネル関数　99, 101
カーネル主成分分析　124
カーネルトリック　104
カーネル判別分析　119
カーネル法　99, 107, 123
回帰分析　99
回帰問題　103, 150
階層的 MoE　152
階層的クラスタリング　59
階層的なネットワーク　28
過学習　55, 182
過完備基底関数系　160
学習　144
学習アルゴリズム　148
学習曲線　76
学習ダイナミクス　26

学習データ 11
学習方程式 26
学習モデル 148
学習用データ 11
確定的 147
確率的 147
確率伝播 47
隠れマルコフモデル 68
仮説 144, 148
価値関数 88
カルバック情報量(カルバックダイバージェンス) 75
　拡張―― 211
機械学習 74, 99
期待損失 36
強化学習 86
競合学習 61, 63
教師つき学習 99, 107
教師なし学習 57, 99, 123
均等な多数決 149
区分線形識別関数 20
クラスタリング 57, 99
クラス分布 34
グラフィカルモデル 45
訓練誤差 201
訓練データ 11
経験損失 77
経験損失最小化 80, 81, 115
計算論的学習理論 74
計量データ 149
結合機 150
決定木 21
言語モデル 72
構造的損失最小化 83, 116
誤差逆伝播アルゴリズム 30
混合分布 61
混合平坦 215

サ 行

サポートベクターマシン 107
　1クラス―― 126
しきい素子 24
識別 10
シグモイド関数 28
次元の呪い 43
自己回帰モデル 67
事後確率 37
事後確率最大化識別 37
自己組織化 57
指数平坦 215
事前確率 37
事前分布 170
弱学習機 148
弱仮説 148, 150, 185
ジャックナイフ法 32
集団学習 145
10分割した交叉確認法 154
周辺化 47
主成分分析 99
情報量の増加 23
信念伝播 47
信頼度 193
スパースカーネル回帰分析 122
正規化 8
正則化 55
成長関数 78
線形識別関数 18
線形判別法 40
線形分離可能 27
双対問題 211
ソフトマージン 111
損失関数 35, 198

タ 行

ダイナミックベイジアンネットワーク 70

索引 | 225

多層パーセプトロン　28
多数決　149
強い学習アルゴリズム　185
テンプレートマッチング　13
動径関数　163
統計的パターン認識　11
統計的モデル選択　55
　　——基準　65
特徴　212
特徴空間　9, 102
特徴抽出　9
特徴ベクトル　9
特徴量　9
トップダウンクラスタリング法　60
トレリス計算　68
貪欲算法　153

ナ行

ナイーブベイズ識別　52
ニューラルネットワーク（モデル）　23
入力空間　102

ハ行

パーセプトロン　25
　3層——　158
バギング　146, 153, 175, 178
パターン情報処理　4
パターン認識　5, 99
バッチ学習　27
パルツェンの方法（パルツェン窓による方法）　42
汎化　31
汎化誤差　203
判別基準　41
判別分析　40
判別問題　150
非計量データ　149
ビタビアルゴリズム　68

フィッシャー情報行列　172
ブースティング　146, 153, 184
　フィルタによる——　184, 185
ブートストラップ推定量　177
ブートストラップ法　32, 175
復元抽出　177
部分観測マルコフ決定過程　89
部分空間法　16
プラグイン分布　169
分類問題　103
ベイジアンネットワーク　45
ベイズ誤り率　37
ベイズポイントマシン　121
ベイズ予測分布　170
ベイズリスク　170
ベクトル量子化　57
献状関数　161
ボトムアップクラスタリング法　58

マ行

マージン　204
前処理　8
前向きアルゴリズム　68
マハラノビス距離　14
マルコフ過程　67
マルコフ決定過程　87
マルコフモデル　67
マルコフランダム場　53
マルチテンプレート法　14

ヤ行

有向非循環グラフ　47
予測分布　169
弱い学習アルゴリズム　148, 185

ラ行

ランダムゲス　185
リスク関数　170

■岩波オンデマンドブックス■

統計科学のフロンティア 6
パターン認識と学習の統計学──新しい概念と手法

　　　　　2003年 4 月11日　第 1 刷発行
　　　　　2011年 9 月 5 日　第10刷発行
　　　　　2018年 4 月10日　オンデマンド版発行

著　者　甘利俊一　　麻生英樹
　　　　津田宏治　　村田　昇

発行者　岡本　厚

発行所　株式会社 岩波書店
　　　　〒101-8002　東京都千代田区一ツ橋2-5-5
　　　　電話案内　03-5210-4000
　　　　http://www.iwanami.co.jp/

印刷／製本・法令印刷

© Shun-ichi Amari, Hideki Asoh, Koji Tsuda,
Noboru Murata 2018
ISBN 978-4-00-730744-7　　Printed in Japan